水理実験解説書
2015年度版

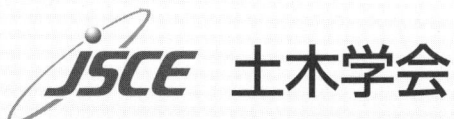

Instructions for Hydraulic Experiments

February, 2015

Japan Society of Civil Engineers

水理実験指導書の改訂にあたって

　水理実験指導書は1967年に初版が刊行された後，第2版が1982年，その次の平成13年版が2001年に出版され，水工系科目の教育を行う多くの大学，高等専門学校，専修学校，工業高校等において幅広く活用されてきた．しかしながら，旧版に関しては不十分な点も指摘されていた．

　そこで，今回の改定にあたってはこれまで約13年間使用されてきた旧版の内容を詳細に検討し，大幅な内容の変更と充実をはかった．そのための参考として，インターネットを利用したアンケートを実施し，これまでの指導書の内容や使い勝手に関する意見収集を行った．その結果，データシートについては土木学会水工学委員会のホームページ上で電子ファイルの形で記入例とともに提供することに変更し，実験項目については従来の項目を整理しつつ，新たな項目の追加も行った．さらに，水理現象を簡易な方法で見せることのできる工夫や多少レベルの高い計算法などを付録に収録し，多様な利用者の便宜を図った．必要に応じて簡易計算ソフトも提供した．本書は教員だけでなく学生や生徒も直接使用することから，書名を「水理実験指導書」から「水理実験解説書」としたことと，サイズをA4版としたことも本改訂における大きな変更点である．

　本書が水理実験を通して土木教育の発展・充実の一助となれば幸いである．

　最後に，アンケートを通じて貴重なご意見をお寄せいただいた関係者の皆様方に感謝いたします．

2015年1月

公益社団法人　土　木　学　会
水理実験指導書改訂小委員会
委員長　藤　田　一　郎

土木学会　水理委員会
水理実験指導書改訂小委員会

委員長　　藤田　一郎（神戸大学大学院工学研究科市民工学専攻）

委　員　　内田　龍彦（中央大学研究開発機構）
　　　　　宇野　宏司（神戸市立工業高等専門学校都市工学科）
　　　　　岡田　将治（高知工業高等専門学校環境都市デザイン工学科）
　　　　　神田　佳一（明石工業高等専門学校都市システム工学科）
　　　　　山上　路生（京都大学工学研究科社会基盤工学専攻）
　　　　　椿　　涼太（広島大学大学院社会環境工学専攻）
　　　　　三輪　　浩（舞鶴工業高等専門学校建設システム工学科）
　　　　　和田　　清（岐阜工業高等専門学校環境都市工学科）

（50音順・敬称略）

各章の担当委員

第1章	宇野, 神田	付録B	藤田
第2章	岡田	付録C	山上
第3章	和田	付録D	山上
第4章	三輪, 宇野, 椿	付録E	内田
第5章	三輪, 神田	付録F	内田
第6章	和田	付録G	藤田
第7章	宇野, 藤田	付録H	藤田
付録A	藤田	付表	岡田

水理実験解説書 [2015年度版]

目　　次

第1章　静止流体の力学

1.1　マノメーターによる圧力差の測定 ……………………………………………… 2
1.2　浮体の安定 …………………………………………………………………………… 5

第2章　ベルヌーイの定理の応用

2.1　せきの検定 ………………………………………………………………………… 10
2.2　ベンチュリメーターによる流量の測定 ………………………………………… 12
2.3　オリフィスからの流出 …………………………………………………………… 14

第3章　運動量保存則の応用

3.1　受圧板による流量の測定 ………………………………………………………… 18

第4章　管水路の水理

4.1　層流と乱流 ………………………………………………………………………… 24
4.2　管水路流速分布の測定 …………………………………………………………… 28
4.3　管水路の摩擦損失 ………………………………………………………………… 32
4.4　管水路の形状損失 ………………………………………………………………… 36

第5章　開水路の水理

5.1　常流・射流と跳水 ………………………………………………………………… 42
5.2　水門からの流出 …………………………………………………………………… 48
5.3　開水路流速分布の測定 …………………………………………………………… 51
5.4　開水路の等流・不等流 …………………………………………………………… 56

第6章　波の水理

6.1　水面波の性質 ……………………………………………………………………… 62

第7章 流れの力学

 7.1 相対的静止水面の実験 70
 7.2 タフトグリッドによる底面流れの可視化実験 73
 7.3 カルマン渦の可視化実験 75

付　　録

 A. 回流水槽の製作 80
 B. 可視化ビデオ画像を用いた流跡線画像の生成 83
 C. ペットボトルによる流出現象の観察とマリオット瓶 85
 D. ペットボトル水車の作成と発電実験 88
 E. 円形跳水の観察 91
 F. 開水路の抵抗体に作用する流体力と水面形 93
 G. ミニ実験水路による水面形の観察 97
 H. 容器からの流出実験装置の試作 99

付　　表 101

本書のデータシートは，土木学会ホームページの下記URLからダウンロードできます．ご活用ください．
http://committees.jsce.or.jp/hydraulic/node/127

第1章

●静止流体の力学●

1.1 マノメーターによる圧力差の測定

1. 目　　標

(1) マノメーターの原理と使い方を習得する．

(2) ポイントゲージやフックゲージの使い方を習得する．

(3) マノメーターによって正確な水圧差が得られることを確認する．

2. 使用設備および器具

(1)	回流水槽あるいは直線水路	1式
(2)	管水路（圧力取り出し口や静圧管を装置したもの）	1式
(3)	マノメーター	1式
(4)	ポイントゲージまたはフックゲージ	2台
(5)	水槽	1個
(6)	透明ビニール管	1式
(7)	温度計	1本

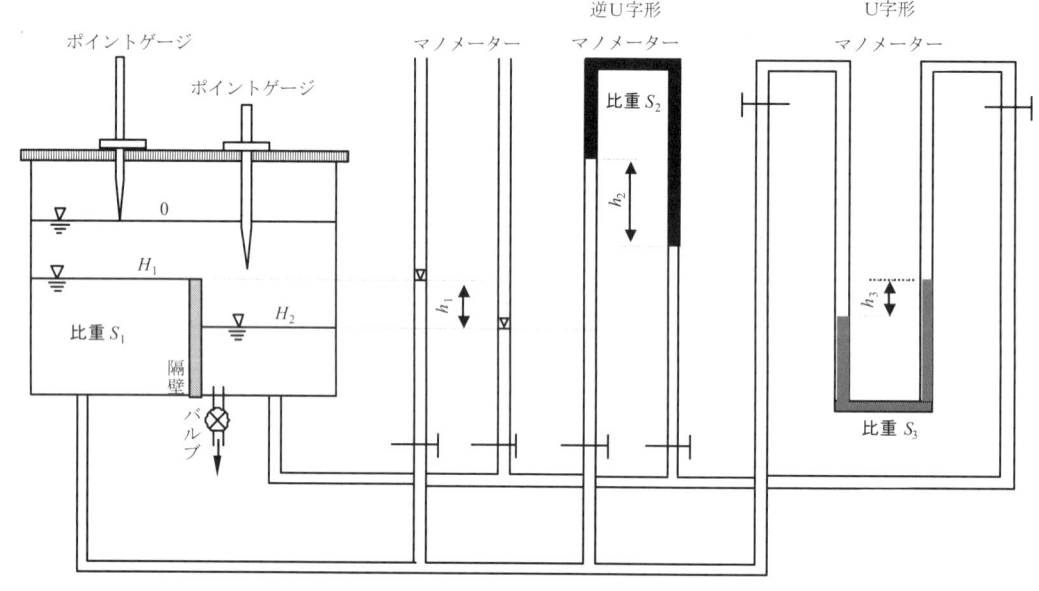

図-1.1.1　マノメーター接続図

3. 実 験 要 領

(1) 水と液体の比重を調べる．

(2) 隔壁付き水槽にマノメーターを接続する (**図-1.1.1**)．

(3) 小水槽のバルブを閉じて，隔壁を少し越えるまで水を補給して隔壁付き水槽の大小両水面を同一の高さにし，そのときの量水面の高さの読みをおのおののポイントゲージのゼロ点とする．また，このときの各マノメーターの値を読み取って，その値を各マノメーターのゼロ点とする．

(4) 小水槽のバルブを開けて水を抜き，両水槽に水位差をつくり，ポイントゲージで大水槽の水面の高さの読み H_1，および小水槽の水面の高さの読み H_2 を測定し，おのおののゼロ点からの差を計算して

水位低下量を求める．これらの差から両水槽の水位差 H を求める．同時に各マノメーターの読みの差 h_1, h_2, h_3 を求める．

(5) 水位差を順次大きくして同様な測定を繰り返す．

4. 注意事項

(1) 逆U字形マノメーター，マノメーター（水），U字形マノメーターの順に圧力差測定範囲の限界が生じる．各マノメーターの測定限界になった段階でコックを閉じ，圧力が伝わらないようにする．

(2) ポイントゲージは微動ねじによって，先端を下げながら水面形に近づけるようにして，先端と先端の影とが接したとき，取り付けてあるバーニヤを読む．フックゲージは曲がった先端を水中から上げていって，水膜をわずかに押し上げたところで読む．

(3)(a) マノメーターやその下端と水槽をつなぐビニール管には気泡を残してはいけない．

(b) コックや管のつなぎ目は水漏れや空気の入るのを防ぐためしっかりと接続する．コックからのわずかな水漏れはワセリンやシリコンオイルの塗布によって防ぐことができる．

(c) マノメーターの読みはメニスカスの最低部で読む．上部の液体を着色しておくと見やすい．

(d) マノメーターを整備して，大小両水槽の水圧差がないときは，マノメーターの両ガラス管の液体と水の境界面の高さが水平になることを確かめてから実験を始める．これが水平にならないときやメニスカスがおわん形にならないときは，液の入れ替えやガラス管の清掃を行う．

5. 結果の整理

(1) 両水槽の水位差 H とマノメーターの読みの差 h_1, h_2, h_3 のグラフを描き，H と h_1, h_2, h_3 の間にどのような関係があるか考えよ．

(2) 水位差 H と，これに基づく水圧差（圧力水頭差 ΔH）とは等しく，ΔH と h_1, h_2, h_3 との間には理論的に次の関係が成立する．

$$\Delta H = h_1 \tag{1.1.1}$$

$$\Delta H = h_2(S - S_2)/S \tag{1.1.2}$$

$$\Delta H = h_3(S_3 - S)/S \tag{1.1.3}$$

ここに，ΔH：水圧差，S：水の比重，h_1, h_2, h_3：マノメーターの読みの差，S_2：上部の液体の比重，S_3：下部の液体の比重．

(3) 理論式 (1.1.1), (1.1.2), (1.1.3) で得られた圧力水頭差 ΔH を (1) で描いたグラフに描き入れて，水位差 H との関係より測定上の誤差について考えよ．

6. 関連知識

(1) 上部や下部の液体の比重が1に近いものほど，同じ圧力差であれば h は大きくなる．

(2) 使用する液体は水と混合せず，水との境界面のはっきりするものがよい．比重が1より大きいものとして，水銀 (13.546)，比重が1より小さいものとして，ベンゼン (0.879) や軽油 (0.8 程度) などがある．圧力差の大小によって適当な比重の液体を選べばよい．

(3) 液体の着色に用いるものは水に溶けないものでなければならない．メチレンブルーなどが用いられる．

(4) 圧力差が大きい場合は一般に水銀が使用されている．
(5) 精密な測定には使用する液体と水のそのときの温度の比重を使わなければならない．
(6) 傾斜マノメーターは小さい圧力差を拡大して読むことができるもので，上部を開放した場合は式(1.1.4)の h が水圧差（圧力水頭差）になる．上部または下部に液体を入れてマノメーターを傾斜させた場合は，式(1.1.4)の h を式(1.1.2)，式(1.1.3)に代入して水圧差（圧力水頭差）を求める．

$$h = l \sin \theta \tag{1.1.4}$$

ここに，l：傾斜マノメーターの読みの差，h：傾斜マノメーターの鉛直高さの差，θ：傾斜マノメーターの傾斜角．

(7) マノメーターの2本のガラス管は同質同径のものでなければならない．
(8) 差動マノメーターはガラス管2本を用いて圧力差を求めるものなので，毛管現象による影響は打ち消されるが，単管で圧力を測る場合は，管が細いと毛管現象を無視することができないので，これの補正が必要である．

7. 設　問

(1) 鉛直差動マノメーターによる測定で上部の液体の比重が0.86，読みの差が10 cmのとき水圧差はいくらか．
(2) 水圧差3 mのとき，水銀マノメーターの読みの差はいくらか．
(3) マノメーターに気泡が入るとなぜ都合が悪いか．
(4) 使用する液体の種類を変えて，同様の実験をしてみよ．マノメーターの感度，反応時間はどのようになるか観察してみよ．

1.2 浮体の安定

1. 目　　　標

(1) 水中に浮かべた物体（浮体）のきっ水を測定して浮体に作用する力（浮力）を求め，アルキメデスの原理を検証する．

(2) 浮体を傾けた場合の重心，浮心および傾心の位置関係を求め，浮体の安定条件を理解する．

2. 使用設備および器具

(1) 浮体模型（直方体できっ水を測定できるように，側面にスケールを貼り付けたもの）　　　1 個
　　（浮体の形状：**図-1.2.1**，浮体の実物例：**図-1.2.2**）

(2) 丸棒（浮体模型の中心を貫通させる）　　　1 本

(3) 可動おもり（丸棒に取り付けて浮体の重心位置を変化させるためのおもり）　　　1 個

(4) スケール　　　1 本

(5) はかり　　　1 台

(6) 水槽　　　1 個

(7) 温度計　　　1 本

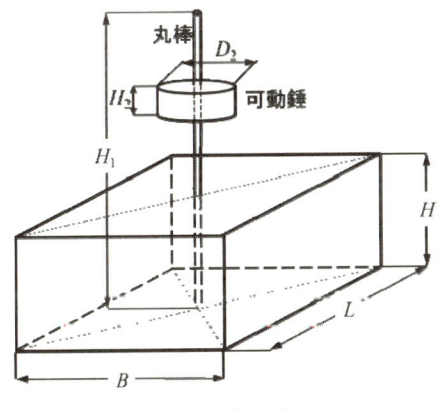

図-1.2.1　浮体の形状

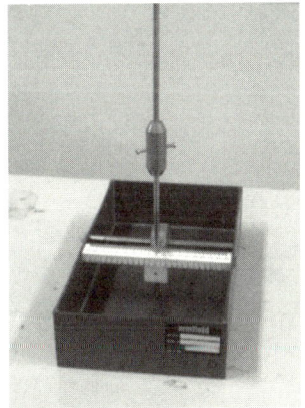

図-1.2.2　浮体の実物例

3. 実験要領

(1) 浮体の大きさ（長さ L，幅 B，高さ H）および浮体の重量 W_0 を測定する．

(2) 丸鋼の直径 D_1，長さ H_1 および重量 W_1 を測定する．

(3) 可動おもりの直径 D_2，厚さ H_2 および重量 W_2 を測定する．

(4) 浮体中央に丸鋼を立て，浮体を静かに水面に浮かべる．

(5) 浮体上部に可動おもりを取り付け，浮体四隅できっ水 d_1, d_2, d_3, d_4 を測定し，平均値 d を求める．

(6) 浮体底面より可動おもり中心までの高さ ℓ_2 を測定する．

(7) 可動おもりを，丸鋼に沿って上方に移動し固定させ，(5)～(6) の測定をする．浮体が傾斜する場合は傾斜したままで四隅のきっ水を読み，反対側に傾斜させて同じように四隅のきっ水を読む．

(8) 可動おもりの重量 W_2 を変化させ，(3)～(7) の測定をする．

(9) 水温を測定する（水の単位体積重量を求める）．

4. 注意事項

(1) 可動おもりの中心高さ Z_2 は，浮体の重心高さの算定に大きな影響を与えるので距離を正確に測ること．

(2) 浮体の形状が異なると，**5.**「結果の整理」で用いる各式も異なるので注意すること．

5. 結果の整理

(1) 浮体本体に可動おもり，丸鋼を取り付けたときの全重量 W は次式で求められる．

$$W = W_0 + W_1 + W_2 \tag{1.2.1}$$

(2) 理論きっ水 ($d_t = W/wA$) を求め，四隅で測定されたきっ水 ($d_1 \sim d_4$) の平均値 d と等しくなることを確認する（アルキメデスの原理の検証）．等しくならなければ，もう一度浮体の全重量およびきっ水の計測をやり直す．ここに，w：t°C における水の単位体積重量，A：浮体の平面積 ($= BL$)．

(3) **図-1.2.3** において，浮体本体の底面を基準面として浮体の重心高さ $\overline{\mathrm{OG}}$ を求める（点 O に関する重量モーメントの合計を全重量で割る）．

$$\overline{\mathrm{OG}} = \frac{W_0 \dfrac{H}{2} + W_1 \dfrac{H_1}{2} + W_2 Z_2}{W} \tag{1.2.2}$$

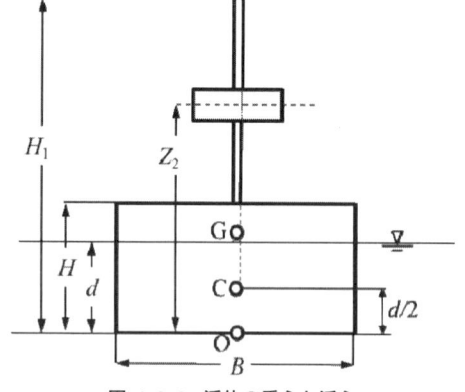

図-1.2.3 浮体の重心と浮心

(4) 浮心高さ $\overline{\mathrm{OC}}$ を求める．

$$\overline{\mathrm{OC}} = \frac{d}{2} \tag{1.2.3}$$

(5) 浮心と重心間距離 $\overline{\mathrm{GC}}$ を求める．

$$\overline{\mathrm{GC}} = \overline{\mathrm{OG}} - \overline{\mathrm{OC}} \tag{1.2.4}$$

(6) 傾心 M と，浮心 C の距離 $\overline{\mathrm{MC}}$ を求める．

$$\overline{\mathrm{MC}} = \frac{I_y}{V} = \frac{LB^3/12}{V} \tag{1.2.5}$$

ここに，I_y：浮体の浮揚面での最小断面二次モーメント，V：水面下の浮体の体積．

(7) 重心と傾心の距離 $\overline{\mathrm{MG}}$ を求める．

$$\overline{\mathrm{MG}} = \overline{\mathrm{MC}} - \overline{\mathrm{GC}} \tag{1.2.6}$$

(8) 以上の要領で，各場合について $\overline{\mathrm{MC}}$，$\overline{\mathrm{GC}}$ および $\overline{\mathrm{MG}}$ を計算する．$\overline{\mathrm{MC}}$ と $\overline{\mathrm{GC}}$ との関係をグラフに表し，両者がどのような関係にあるとき，浮体が安定したままで浮かぶかを確認する．合わせて，安定か不安定かの限界を，浮体を少し傾けたときに元に戻そうとする復元力が働くか否かを確かめることによって判断し，浮体の安定，不安定，中立の条件を理解する．

6. 関連知識

(1) 浮体の重心・浮心・傾心

　G：浮体の重心（浮体固有のもので直立の場合であっても傾いた場合であっても変わらない）

　C：浮心（水中部分の図心である．浮体が傾くとC'に移動する．）

　M：傾心（浮体が傾いた状態で浮心から鉛直線を立てたとき，浮体の中心線と交わる点）

(2) アルキメデスの原理

　浮体に作用する浮力U（水面下の浮体の体積分の水の重量，鉛直上向きに作用）の大きさは，浮体の重量W（鉛直下向きに作用）に等しい．

(3) 浮体の安定条件

　大きさが同じで向きが逆の一対の力が同一直線上にない場合，この一組の力を偶力（モーメント）という．浮体を少し（θ）傾けたとき，傾心Mが重心Gより上にある場合（$\overline{MG} > 0$），浮体重量と浮力による偶力は傾いた浮体を元に戻そうとする．この偶力を復元モーメントという．このとき，浮体は安定である．重心が浮心よりも低い場合は，浮体は必ず安定となる．重心の位置が傾心より高い場合

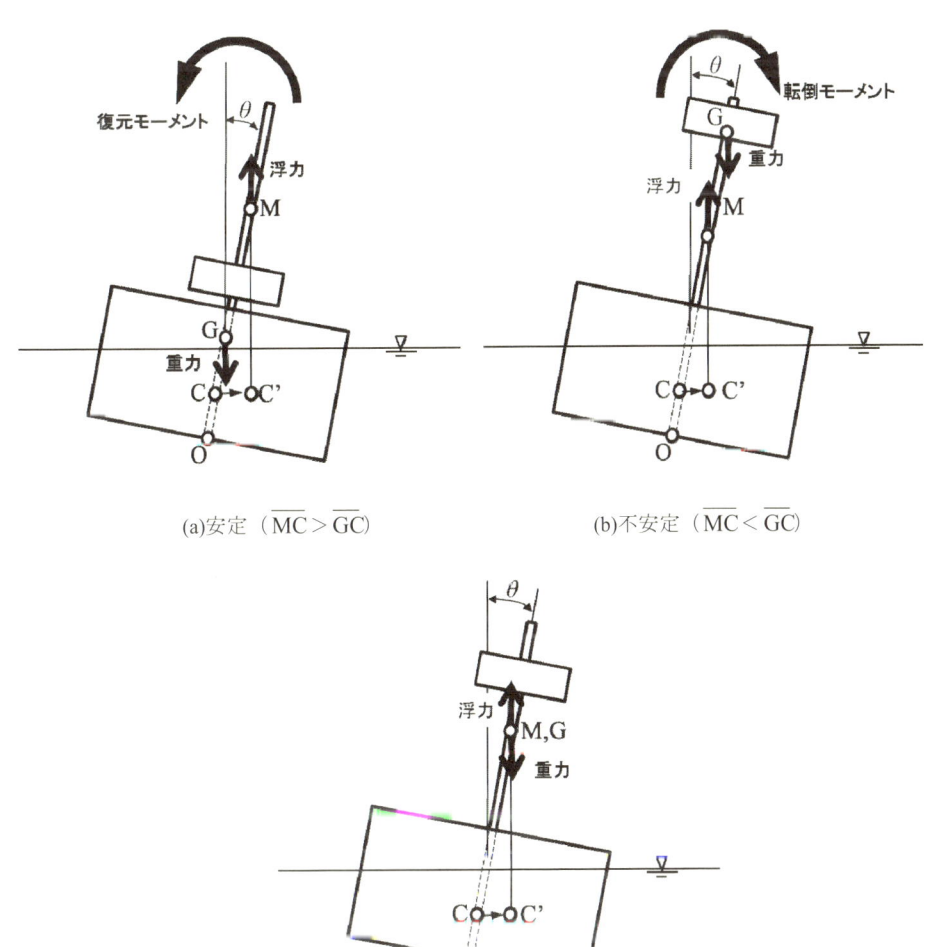

図-1.2.4　浮体の安定・不安定

($\overline{\text{MG}} < 0$),偶力は浮体をさらに傾ける方向に作用する(これを転倒モーメントという)ため,浮体は不安定となる.重心と傾心が一致する場合($\overline{\text{MG}} = 0$),中立状態となり,浮体は復元も転倒もせず,そのままの状態を保持する.

(4) 種々の断面の安定条件

浮体の断面形が四角形,三角形および放物線の場合の諸量を**表-1.2.1**に示す.ただし,浮体の比重をS (<1) とし,奥行き方向の長さはすべてL ($>B$) とする.

表-1.2.1 四角形・三角形・放物線断面浮体の安定条件

	四角形	三角形	放物線
$\overline{\text{OG}}$	$\dfrac{H}{2}$	$\dfrac{2H}{3}$	$\dfrac{3H}{5}$
d	SH	$S^{1/2}H$	$S^{2/3}H$
$\overline{\text{OC}}$	$\dfrac{SH}{2}$	$\dfrac{2S^{1/2}H}{3}$	$\dfrac{3S^{2/3}H}{5}$
$\overline{\text{GC}}$	$\dfrac{H}{2}(1-S)$	$\dfrac{2H}{3}(1-S^{1/2})$	$\dfrac{3H}{5}(1-S^{2/3})$
$\overline{\text{MC}}$	$\dfrac{B^2}{6SH}$	$\dfrac{S^{1/2}B^2}{6H}$	$\dfrac{a^2}{8}$
$\overline{\text{MG}}$	$\dfrac{B^2}{6SH} - \dfrac{H}{2}(1-S)$	$\dfrac{S^{1/2}B^2}{6H} - \dfrac{2H}{3}(1-S^{1/2})$	$\dfrac{a^2}{8} - \dfrac{3H}{5}(1-S^{2/3})$

安定条件:$\overline{\text{MG}} > 0$

7. 設 問

(1) 結果の整理(1)における重さの浮体を比重0.7の油および水銀(比重13.546)に浮かべるときのきっ水を求めよ.

(2) 関連知識(4)の各断面において,浮体が安定となるための比重Sの条件を求めよ(B, Hおよびaを一定として,Sについて安定条件($\overline{\text{MG}} > 0$)を解けばよい).

第2章

●ベルヌーイの定理の応用●

2.1 せきの検定

1. 目　標
(1) せきの越流水深と流量を測定し流量係数を求め，JIS公式で求めた値と比較する．
(2) 越流水深と流量のグラフを描き，他の実験の流量測定を容易にする．

2. 使用設備および器具
(1) 直角三角ぜき
(2) 四角ぜき
(3) フックゲージまたはポイントゲージ　　　　　　　　　　　　　　　　　　　　1台
(4) 流量測定器具 (たとえばマス，バケツ，はかりなど)　　　　　　　　　　　　　1式
(5) ストップウォッチ　　　　　　　　　　　　　　　　　　　　　　　　　　　1個
(6) 鋼尺　　　　　　　　　　　　　　　　　　　　　　　　　　　　　　　　　1本

3. 実験要領
(1) せきの幅 B と水路の底面から切欠き底面までの高さ D を測定する．四角ぜきの場合には，切欠き部の幅 b も測定する（**図-2.1.1**）．

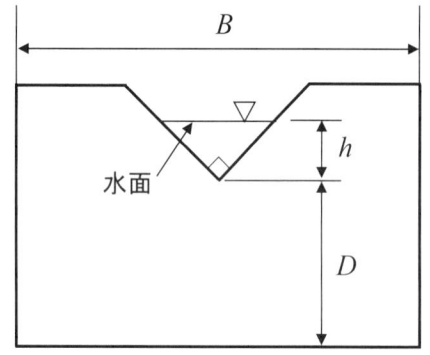
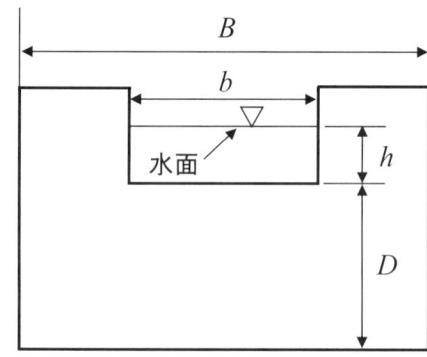

図-2.1.1　直角三角ぜきと四角ぜきの概要

(2) 流量測定器具を正しく検定する（特に容積測定によるときは容器の容積を正しく測定する）．
(3) せきの上流側に越流水深測定用のフックゲージまたはポイントゲージを取り付け，**図-2.1.1** の越流水深 $h = 0$ となるゼロ点を決める．
(4) 流量を適当に調節して越流水深 h を一定にした後，越流水深を測定する．流量は同一の越流水深で5回以上測定する．
(5) 順次流量を変えて (4) の測定を行う．

4. 注意事項
(1) 実験要領 (3) のゼロ点の決め方にはいろいろとあるが，簡単に行う方法は，せき上流側の水面に映るせきの影とせきの縁が一直線になったとき，せき頂に水面が一致したものとしてフックゲージなどの先端を水面に合わせ，このときのゲージの読みをゼロとすればよい．

(2) 流量測定の方法は，容器にある時間流水をため，これを体積または重量で測定し，その貯水量を貯水に要した時間で割ればよい．容器については，流量の多いときは貯水量を一定にしてそれに要する時間を測定し，計量は容積で行い，少ないときはバケツなどに貯水して，計量は重量で行うのがよい．

(3) せきを越えた水がせき板に付着したまま流下すると，いわゆる付着ナップとなり，誤差が大きくなるため，付着した状態で流量計測を行わないこと．

5. 結果の整理

(1) 各越流水深に対する流量の平均値を求め，これをその越流水深に対する流量とする．
(2) 実験値の Q と h の関係をグラフに描く．
(3) 直角三角ぜきの流量公式は，

$$Q = Kh^{5/2} \tag{2.1.1}$$

であり，せきの流量係数 K は次の式で表される (JIS B 8302-1990)．

$$K = 81.2 + \frac{0.24}{h} + \left(8.4 + \frac{12}{\sqrt{D}}\right)\left(\frac{h}{B} - 0.09\right)^2 \tag{2.1.2}$$

ただし，H, D, B の単位は m，流量 Q の単位は $\mathrm{m^3/min}$ である．
式 (2.1.2) の適用範囲は，$B = 0.5 \sim 1.2\,\mathrm{m}$, $D = 0.1 \sim 0.75\,\mathrm{m}$, $h = 0.07 \sim 0.26\,\mathrm{m}$, $h \leqq B/3$ である．
四角ぜきの流量公式は，

$$Q = Kbh^{3/2} \tag{2.1.3}$$

であり，せきの流量係数 K は次の式で表される (JIS B 8302-1990)．

$$K = 107.1 + \frac{0.177}{h} + 14.2\frac{h}{D} - 25.7\sqrt{\frac{(B-b)h}{DB}} + 2.04\sqrt{\frac{B}{D}} \tag{2.1.4}$$

ただし，H, D, B, b の単位は m，流量 Q の単位は $\mathrm{m^3/min}$ である．
式 (2.1.4) の適用範囲は，$B = 0.5 \sim 6.3\,\mathrm{m}$, $b = 0.15 \sim 5\,\mathrm{m}$, $D = 0.1 \sim 3.5\,\mathrm{m}$, $bD/B^2 \geqq 0.06$, $h = 0.03 \sim 0.45\sqrt{b}\,\mathrm{m}$ である．

(4) 式 (2.1.1) あるいは式 (2.1.3) から求めたせきの流量係数 K と h の関係をグラフに描き，これに JIS 公式 (2.1.2), (2.1.4) から求めた K の値をプロットする．
(5) JIS 公式より求めた流量 Q と h のグラフを (2) で描いたグラフに重ねて描く．

6. 関連知識

せきの寸法および流量測定については，JIS B 8302-1990 に詳しく規定されているので参考にするとよい．

7. 設問

(1) フックゲージのゼロ点の決め方について他の方法を考えよ．
(2) Q と h の関係を両対数グラフにプロットすると，ほぼ直線状になることを確かめよ．また，その直線の傾きについて考察せよ．
(3) 流量公式を $Q = Kh^\beta$ として，K と β の値を最小二乗法で求めよ．
(4) 直角三角ぜきの流量は，ベルヌーイの定理を用いて求められる．式 (2.1.1) を誘導せよ．

2.2 ベンチュリメーターによる流量の測定

1. 目　標
(1) ベンチュリメーターの実験を通して，ベルヌーイの定理について理解を深める．
(2) ベンチュリメーターの機能を確認し，取り扱い方法を理解する．
(3) ベンチュリメーターの検定を行う．

2. 使用設備および器具
(1) ベンチュリメーターの装置　　　　　　　　　　　　　　　　　　　　　　　　1 式
(2) 流量測定器具（三角せき，計量用容器，マス，はかりなど）　　　　　　　　　1 式
(3) マノメーターあるいは差動マノメーター　　　　　　　　　　　　　　　　　　1 台
(4) ストップウォッチ　　　　　　　　　　　　　　　　　　　　　　　　　　　　1 個
(5) 温度計　　　　　　　　　　　　　　　　　　　　　　　　　　　　　　　　　1 本

3. 実験要領
(1) マノメーターあるいは差動マノメーターとベンチュリメーターを透明ビニール管などで接続する．
(2) マノメーターが使用できるように準備をする．
(3) 定流になるのを待ってマノメーターの液面差 (h') を読み取る．
(4) 同時にせきまたは計量用容器によって流量を測定する．
(5) 流量を少しずつ変えて同様な実験を繰り返し行う．
(6) **図-2.2.1** に示す断面 I, II の内径または流積を確認する．

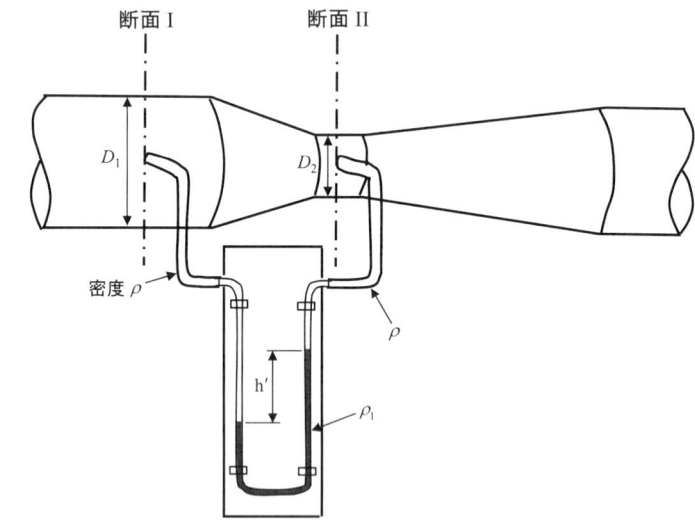

図-2.2.1 ベンチュリメーターと差動マノメーターの接続例

4. 注意事項
(1) ベンチュリ管とマノメーターを接続する場合，ビニール管やマノメーター内に空気が入らないように注意する．
(2) マノメーターの液面が振動する場合には，振幅の中心を読み取る．
(3) 流量を変化させる場合，少ない方から順次増加させるようにするとよい．

5. 結果の整理
(1) マノメーター内の液体が水より重い，あるいは軽い場合の液面差を h' とすると，これを圧力水頭差 h に換算する（**1.1**「マノメーターによる圧力差の測定」の項を参照）．

(2) 測定した流量 Q と圧力水頭差 h との関係をグラフ用紙にプロットする.

(3) 測定した Q と h から，おのおのの K を求め，その平均値 K_{mean} を求める.

(4) 圧力水頭差を与えると流量 Q が求まる検定曲線を表す式 $Q = K_{\mathrm{mean}} h^{1/2}$ を描く.

(5) ベンチュリメーターで流量を求めるときの理論式は次のようである.

$$Q = K\sqrt{h} \tag{2.2.1}$$

$$K = \frac{C\pi D_1^2 D_2^2 \sqrt{2g}}{4\sqrt{D_1^4 - D_2^4}} \tag{2.2.2}$$

ここに，Q：流量，h：断面 I と断面 II の圧力水頭差，g：重力加速度，C：係数，

D_1：断面 I の直径，D_2：断面 II の直径

(6) 測定値より求めた K_{mean} を式 (2.2.2) に代入し，C を求める.

6. 関連知識

(1) C の値は管径やベンチュリ管の形などによって異なるが，0.95〜1.00 の範囲となる.

(2) 管内ノズルや管内オリフィスも，ベンチュリメーターと同じ要領で実験できる．また，これらについての流量公式は JIS B 8302-1990 に定められている．

(3) ベンチュリメーターは浄水場などで送水量の測定に用いられている．

(4) ベンチュリメーターには次のノズル型ベンチュリ管（**図-2.2.2**）と円錐型ベンチュリ管（**図-2.2.3**）とがあり，それぞれに単管形と長管形とがある．

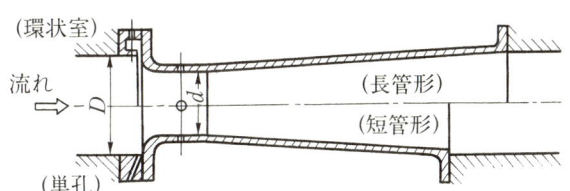

図-2.2.2 ノズル型ベンチュリ管（ノズル型ベンチュリ管の構造は，JIS Z 8762 の規定による．）[1]

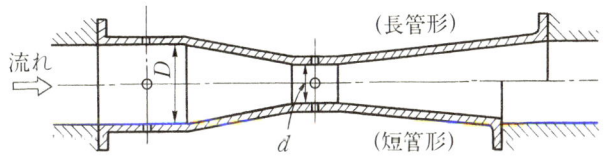

図-2.2.3 円錐型ベンチュリ管（ノズル型ベンチュリ管の構造は，JIS Z 8762 の規定による．）[1]

7. 設問

(1) C の値は，流量の変化に伴ってどのように変化するか．

(2) 断面 I と断面 II にベルヌーイの定理を適用して式 (2.2.2) を誘導せよ．

(3) 実験で誤差が出た場合，その原因について考察せよ．

(4) ベンチュリメーターは，一般に通水方向が決められている．逆方向に水を流すとなぜよくないのか考察せよ．

【参考文献】

1) 土木学会水工学委員会：水理実験指導書［平成 13 年版］

2.3 オリフィスからの流出

1. 目標
オリフィスからの流出に伴う力学機構について，流量係数の測定を通じて学ぶ．

2. 使用設備および器具
(1) 水槽（円形，正方形オリフィスのあるもの）   1式
(2) ピエゾメーター   1台
(3) はかり   1台
(4) ストップウォッチ   1個
(5) バケツ   1個
(6) ビデオカメラ（スマートフォン等も含む）   1台

3. 実験要領
(1) オリフィスの形状（円形の場合は半径 r，正方形の場合は辺長の幅 b あるいは高さ h）を測定する．
(2) 水面をオリフィスの下端に合わせ，ピエゾメーターの目盛りを読む．

(A) 水位を一定とする場合

(3) 水槽に水を入れ，オリフィスの栓を外す．この場合，流入量と流出量との関係により，あるところで水位 H が一定になる．水位が一定になった状態でピエゾメーターの目盛りを読む．
(4) 円形，正方形オリフィスからの流出量を t 秒間バケツでとり，重量を量り，水量 V を求める．
(5) 同じ水位について3回測定する．
(6) 水位が変わるように流入量を調整し，3回程度同じ測定を行う．
(7) オリフィスの形状を変えて同様の測定を行う．

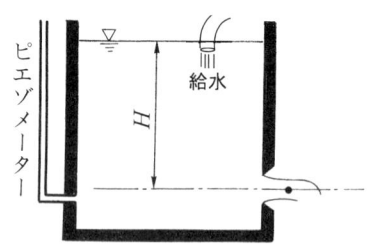

図-2.3.1 水位を一定とする場合

(B) 水位を変化させる場合

(3) オリフィスの中心から H_1 の高さまで水面を上げる．
(4) H_1 の水位をピエゾメーターにおいて10等分し，$H_2, H_3, \ldots, H_{10}$ とする．
(5) オリフィスの栓を外し，水面を H_1 から H_{10} まで連続して降下させてビデオカメラで撮影し，$H_2, H_3, \ldots, H_{10}$ の各水位まで降下する時間 $t_2, t_3, \ldots, t_{10}$ を測定する．
(6) (5)と同じ測定を3回繰り返す．
(7) オリフィスの形状を変えて同様の測定を行う．

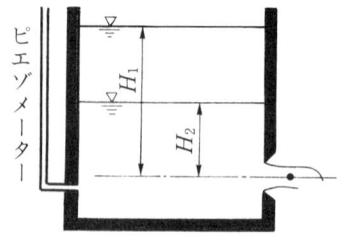

図-2.3.2 水位を変化させる場合

4. 注意事項
本実験では，(A)と(B)両方の実験を行うと，両者の比較ができてよい．

5. 結果の整理

(A) 水位を一定とする場合

(1) オリフィスからの単位時間の流出量 Q を求める．

$$Q = V/t \tag{2.3.1}$$

(2) オリフィスの面積を計算する．

(3) 各水位に対する流量係数 C を求める．

$$C = \frac{Q}{a\sqrt{2gH}} \tag{2.3.2}$$

ここに，a：オリフィスの面積，g：重力加速度，H：水位

(4) H/r, H/h を計算し，それらを横軸に，C を縦軸にグラフを描く．

(5) 流量 Q を横軸に，水位 H を縦軸にとり，Q–H のグラフを描く．

(B) 水位を変化させる場合

(1) 縦軸に初期水位 H_1 から，最終水位 H_{10} まで，横軸に各水位の測定時間をとり，H–t のグラフを描く．

(2) 水位が H_i より H_{i+1} まで，降下するのに要する時間 t は次式で求められる．

$$t = \frac{2A}{aC\sqrt{2g}}\left(\sqrt{H_i} - \sqrt{H_{i+1}}\right) \tag{2.3.3}$$

ここに，A：水槽水平面積である．式 (2.3.3) から流量係数 C は次式で求められる．

$$C = \frac{2A}{at\sqrt{2g}}\left(\sqrt{H_i} - \sqrt{H_{i+1}}\right) \tag{2.3.4}$$

式 (2.3.4) から各水位間の流量係数を計算して，それらの平均値を求める．

6. 関連知識

(1) オリフィスからの流れは，その半径程度下流で最も収縮する．この断面をベナコントラクタといい，流出水の圧力が大気圧に等しく，流れも一様となる．また，ベナコントラクタの断面積 a_0 を，オリフィスの断面積を a とすると，その比 $C_c = a_0/a$ は収縮係数といわれる．さらに，わずかながらエネルギー損失を伴うので，流速係数 C_v を導入して，流速は $v = C_v\sqrt{2gH}$ となり，オリフィスからの流量は $Q = C_v C_c a\sqrt{2gH} = Ca\sqrt{2gH}$ で表される．ここに，$C = C_v C_c$ であり，C は流量係数といわれる．なお，一般に C_v には 0.95〜0.99 が，C_c には 0.6〜0.7 が，C には 0.6〜0.64 が用いられている．

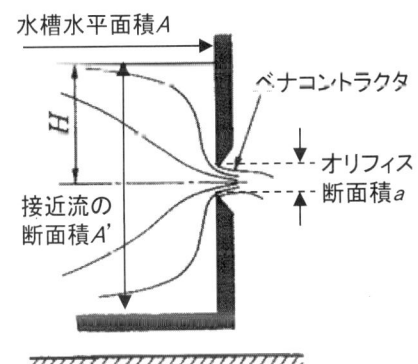

図-2.3.3 オリフィスの流れ

(2) 式 (2.3.2) は厳密には接近流速を考える必要がある．いま，接近流速を v_a，接近流速水頭を $h_a = v_a^2/2g$ とすると，

$$Q = Ca\sqrt{2gH + v_a^2} = Ca\sqrt{2g(H + h_a)} \tag{2.3.5}$$

接近流の断面積を A' とすると上式は

$$Q = \frac{Ca}{\sqrt{1-\left(\dfrac{Ca}{A'}\right)^2}}\sqrt{2gH} \tag{2.3.6}$$

となる．Ca/A' が 1 に比べて小さいときには接近流速の影響は無視される．

(3) 式 (2.3.3) の導出については，**付録 C. 1-3**「トリチェリの定理」において詳細に示している．

7. 設　問

(1) 式 (2.3.3) を誘導せよ．

(2) 流量係数は水位およびオリフィスの大小により，どのように変化するか．特に H/r や H/h が小さくなり，1 に近づくにつれてどのように変化するか．

(3) H–Q，H–t のグラフより明らかになったことをまとめよ．

(4) 式 (2.3.3) に **(B)** で求めた流量係数の平均値を代入して経過時間を求めて H–t のグラフに書き入れ，実験から得られたグラフと比較検討せよ．

第3章

●運動量保存則の応用●

3.1 受圧板による流量の測定

1. 目　標

(1) 受圧板の傾きを利用した流量測定装置の原理を理解し，傾斜角度 θ と流量 Q に関する検定曲線を求める．

2. 使用設備および器具

(1) 受圧板（アクリル材，アルミ材，鋼材など材質を変え密度を変化させたもの） 1式
(2) 受圧板固定装置（透明のアクリルや塩ビ材を使用すると外部から観察しやすい） 1式
(3) 噴流発生装置（注射器および流量調節用バルブ） 1式
(4) 流量測定装置
（検定済みのもの．小流量であればメスシリンダーとストップウォッチで直接流量を計測） 1式
(5) 受圧板測定用スケール（ノギス，スケール） 1式
(6) 分度器（装置に固定した方がよい） 1式
(7) 水温計 1本

3. 実験要領

(A) 準備

(1) 装置内の漏水を完全に止めておく．
(2) 受圧板の寸法や質量を測り，異なる材質の密度を計算する．
(3) 受圧板の支点のずれなどによって受圧板と側面が接触せず，回転が円滑であることを確認する．

(B) 測定

(1) **図-3.1.1** のように，バルブを開いて給水し，噴流を水平に受圧板にあてて傾斜させる．流量を徐々に増大させて受圧板の最大傾斜角度を求めておく．傾斜角度は装置に固定された分度器の目盛を利用する．

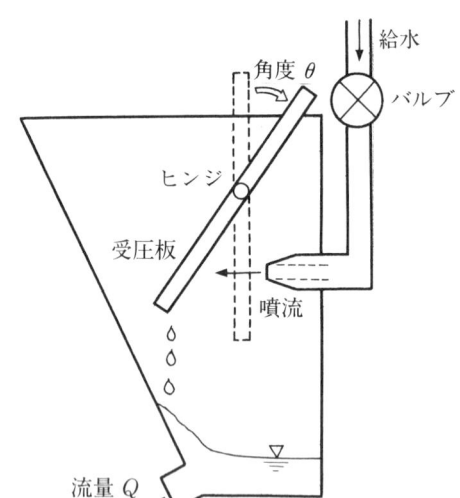
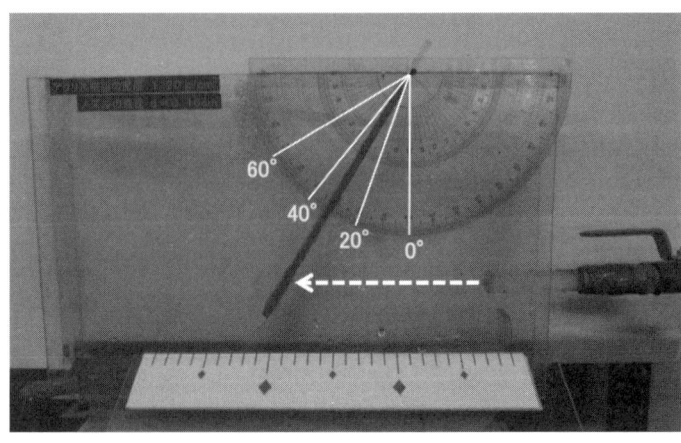

図-3.1.1 受圧板による流量測定

(2) この最大傾斜角度に対する流量を求める．流量は数回測定して平均値と誤差を求める．
(3) この角度以下の範囲内で小刻みに分割して，受圧板の傾斜角度 θ と流量 Q の関係を求める．この場合，傾斜角度を決めておき，その傾きになるようにバルブで流量を微調節するとよい．
(4) このときの受圧板の付着水の様子を観察して記録する．付着水による受圧板のモーメントの変化（付着水の面積，噴流作用点など）がわかるようにしておくとよい．

4. 注意事項

(1) 受圧板がわずかに振動して傾斜角度が測定しにくい場合には，数回測定してその平均値を採用することが望ましい．また，その角度の変動が所定の精度（5%程度）を超える場合には，噴流発生装置や受圧板の設置方法などの問題が考えられるので修正する必要がある．
(2) この装置は支点周りの力のモーメントを基本としたものであり，受圧板の支点や噴流の作用点の位置などを微調整する必要がある．あらかじめ支点の位置を変化させた数種類の受圧板を用意しておき，これらについても考察するとよい．なお，受圧板の支点はヒンジと考えているので，ねじれやがたつきがなく，滑らかに回るように支持部を工夫する．

5. 結果の整理

図-3.1.2 のように，ノズルからの噴流（ρ：水の密度，a：ノズルの断面積）が単位長さ当たりの質量 $m\,(=\rho V/L)$ の受圧板（長さ：L）にあたり，ヒンジ（点O）を中心に滑らかに回転している場合を考える．ここで，受圧板に平行な力および付着水の影響を無視し，傾斜角度 θ として図のような検査面を設定すると，x 方向に関する運動量保存則は以下のように表される．

$$\rho Q\left(0 - \frac{Q}{a}\cos\theta\right) = -F \tag{3.1.1}$$

$$\therefore\quad F = \frac{\rho Q^2}{a}\cos\theta \tag{3.1.2}$$

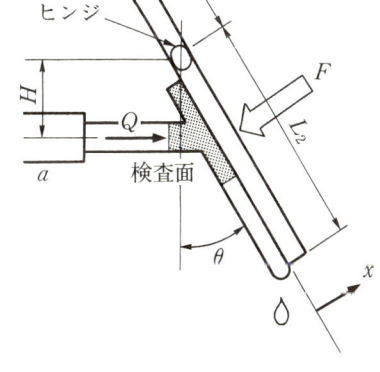

図-3.1.2 運動量保存則の適用

ここで，F：受圧板に作用する抗力である．一方，噴流の位置とヒンジの間隔を H として，ヒンジ（点O）周りの力のモーメントを考えると，

$$\frac{H}{\cos\theta}F - \frac{L_2}{2}L_2\cdot mg\cdot\sin\theta + \frac{L_1}{2}L_1\cdot mg\cdot\sin\theta = 0 \tag{3.1.3}$$

$$Q^2 = \frac{mga}{2\rho H}\cdot\sin\theta\cdot(L_2^2 - L_1^2)$$

$$\therefore\quad Q = \sqrt{\frac{mga}{2\rho H}(L_2^2 - L_1^2)}\cdot\sqrt{\sin\theta} \tag{3.1.4}$$

が得られる．したがって，流量 Q は $\sin\theta$（傾斜角度；θ）の 1/2 乗に比例することがわかる．この結果を参考にして，流量 Q と $\sin\theta$ の関係を両対数紙にプロットしてその関係を把握する．

6. 関連知識

(1) 運動量保存則の適用例（スプリンクラーによる散水）

水力発電用のペルトン水車やスプリンクラーによる散水（**図-3.1.3**）などのように，一定の軸に関する角

運動量に対しても運動量保存則は成立する．この場合，角運動量の差が外力のモーメントに等しいことになる．なお，外力は質量力，圧力，流体が物体に及ぼす力，粘性力などである．

一例として，スプリンクラーを用いて散水する場合（ρ：水の密度）を考える．

1つのノズルから流出する流量$Q_l = Q/2$であり，ノズルの直径をdとすると，その速度は$v = Q_1/(\pi d^2/4)$となり，推進力$F_f = \rho Q_1 v$と表される．したがって，噴流によるモーメントMは，回転軸に対して，

$$M = 2rF_f \cos\alpha = 2r\rho Q_1 v \cos\alpha \tag{3.1.5}$$

と表される．ここで，r：半径，α：噴流の流出角度である．

また，摩擦を無視したときのスプリンクラーの回転数N (rpm)は以下のようになる．

$$N = \frac{u}{2\pi r} = \frac{v\cos\alpha}{2\pi r} \tag{3.1.6}$$

ここで，ノズルの周速度：$u = v \cdot \cos\alpha$である．

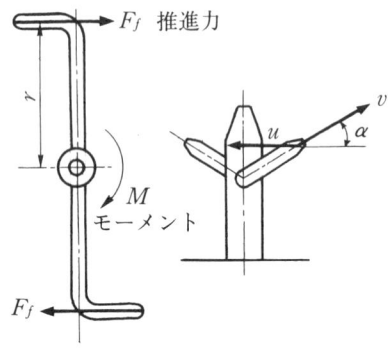

図-3.1.3　スプリンクラーによる散水 [1]

図-3.1.4　市販のスプリンクラーによる散水実験

図-3.1.4は市販のスプリンクラー（2方向および3方向）を水道水に接続して散水した例である．ノズルの先端部には複数の孔が開いており，ノズルの軸に対する回転角度により噴流によるモーメントMを調整でき，スプリンクラー本体の回転数Nや散水の影響範囲などを変化させることができる．

(2) 水力発電に用いられる水車の動力

一般的な水力発電は，水車を水流の力によって回転させることで発電を行うものである．流量と落差さえあれば発電が可能という，適用可能範囲が非常に広い発電方法であり，太陽光発電や風力発電に比べて単位出力当たりのコストが非常に安く，また発電機出力の安定性や負荷変動に対する追従性では，他の再生可能エネルギーの中でも優位な立場にある．最近では，エネルギーの地産地消などの観点から，中小規模水力発電やマイクロ水力発電が着目されており，**図-3.1.5**のように，200 m以上の高落差に適したペルトン水車の他に，低落差小流量に対応した種々の水車形式が実用化されている．

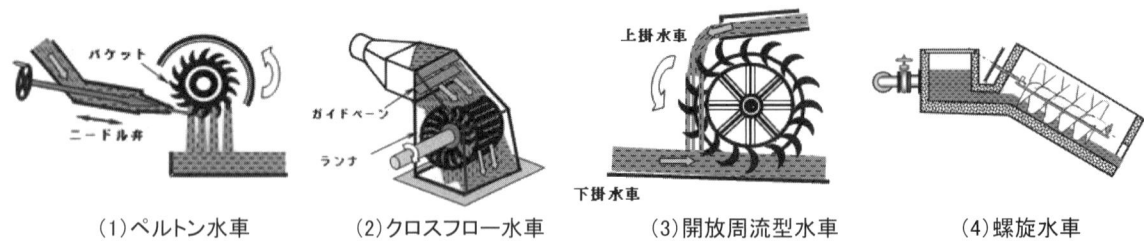

(1) ペルトン水車　　(2) クロスフロー水車　　(3) 開放周流型水車　　(4) 螺旋水車

図-3.1.5　代表的な水車の形式

一例として，水が水車の羽根に沿って流れるとき，水に与えられるトルク T，動力 L_p および理論揚程 H を求めることを考える．**図-3.1.6** はその状況を模式的に示したものであり，ここで，r：羽根の半径，ω：羽根の角速度，v：流体粒子の絶対速度，u：羽根の周速度，w：流体粒子の羽根に対する相対速度，α：絶対速度が円周方向となす角度である．また，添字 1 は羽根の入口，2 は羽根の出口を示している．

連続の式より流量 Q は，単位厚さ当たり

$$Q = 2\pi r_1 v_1 \sin \alpha_1 = 2\pi r_2 v_2 \sim \alpha_2 \tag{3.1.7}$$

である．羽根が流体に与えるトルク T は，

$$T = \rho Q (r_2 v_2 \cos \alpha_2 - r_1 v_1 \cos \alpha_1) \tag{3.1.8}$$

となり，動力 L_p は，$\omega r = u$ の関係式を用いて，

$$L_p = \omega T = \rho Q (u_2 v_2 \cos \alpha_2 - u_1 v_1 \cos \alpha_1) \tag{3.1.9}$$

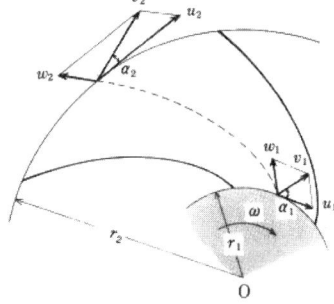

図-3.1.6 水車羽根の周りの流れ [1]

と表される．この L_p は，理論揚程 H を用いて表せば，

$$L_p = \rho g Q H \tag{3.1.10}$$

であるから，H は以下のように表される．

$$H = \frac{u_2 v_2 \cos \alpha_2 - u_1 v_1 \cos \alpha_1}{g} \tag{3.1.11}$$

したがって，角運動量保存則を適用することによって，水車を設置する場所の水理条件（流量 Q と理論揚程 H），水車形式の諸元（r, v, α, ω）が与えられれば，動力 L_p が算定できる．

---

7. 設　問

(1) 実験結果と上述の理論式の関係から，傾斜角度 θ による理論式と実験値の差異を吟味する．なお，式 (3.1.4) において付着水の影響（付着面積や厚さなど）を考慮した式も誘導し考察せよ．

(2) 受圧板の材質を変えた場合，式 (3.1.4) の関係からどのように変化すると予想されるか，特に付着水の様子を加味しながら考察せよ．

【参考文献】

1) 加藤 宏編：例題で学ぶ流れの力学，丸善，pp. 75-79, 1990.

第4章

●管水路の水理●

4.1 層流と乱流

1. 目標
(1) 層流と乱流の遷移現象を染料注入法によって観察し，両者の流れのパターンの違いを理解する．
(2) 流れの遷移に関する限界レイノルズ数を測定する．
(3) 管路の摩擦損失水頭を測定し，レイノルズ数との関係を考察する．

2. 使用設備および器具
(1) レイノルズ数測定装置   1式
(2) 着色液（水の比重に近いもの）   1ℓ程度
(3) 流量測定器具（メスシリンダー，ストップウォッチ）   1式
(4) 温度計   1本
(5) マノメーター（摩擦損失水頭を測定する場合）   1式

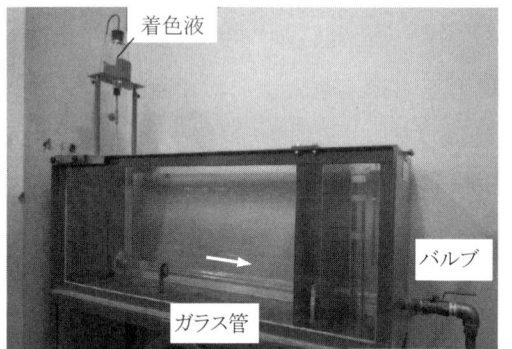 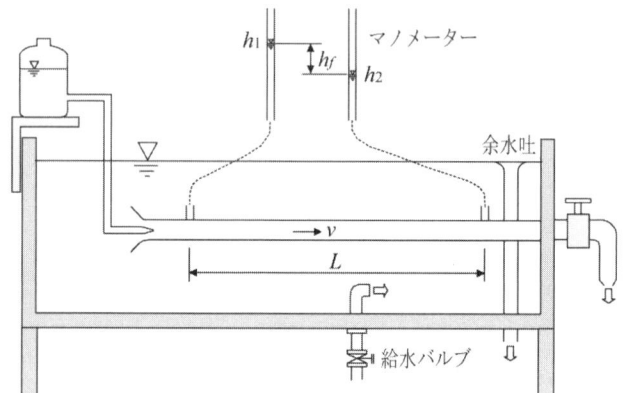

図-4.1.1 レイノルズ数測定装置とマノメーター（損失水頭の測定）

3. 実施要領

(A) 流れの観測

(1) レイノルズ数測定装置へ注水して満水させ，余水はオーバーフローさせることで水位を一定に保つ．
(2) 着色液を容器に入れ，ガラス管の入口中心部へ静かに連続的に着色液を流し込む．
(3) ガラス管出口のバルブを徐々に開いてガラス管内に流れを起こし，流速を少しずつ増加させる．流速が小さいときは，**図-4.1.2** (1) のように，着色液は管軸に平行に明瞭な1本の線となって層流状態で流れる（状態1）．ガラス管の流速が次第に大きくなり，ある値に達すると，**図-4.1.2** (2) のように着色液の線は波打ち始める（状態2）．さらに流速が大きくなると着色液は明瞭な線とはならず，**図-4.1.2** (3) の状況（状態3）を経て**図-4.1.2** (4) のように拡散混合してガラス管内に充満して流れるようになる（状態4）．完全な乱流状態（状態4）から，バルブを徐々に閉めて流速を漸減させると，ある流速に達したとき，ガラス管内に拡散して渦巻いていた着色液は急に1本の線になって流れるようになる（状態1）．このように，流れには層流と乱流および遷移部（不完全乱流）があり，着色液の描く流脈線を詳細に観測して記録する．

(B) **限界レイノルズ数の測定**

(1) **(A)**(3) において，状態 1 から状態 2 に変化するときのガラス管内の流量 Q_A および状態 3 を経て状態 4 に変化したときの流量 Q_B を測定する．また，状態 4 から状態 1 に変化したときの流量 Q_C を測定する．なお，流量はメスシリンダーとストップウォッチで数回計測し，その平均値を採用する．

(2) 水温を測定する．

(C) **摩擦損失水頭の測定（(B) を含む）**

(1) **(A)**(3) において，各バルブ開度におけるガラス管内の流量を測定するとともに，マノメーターの読みを記録する．なお，流量条件は，層流→乱流は 20 ケース以上，乱流→層流は 10 ケース以上を目安とする．

(2) 水温を測定する．

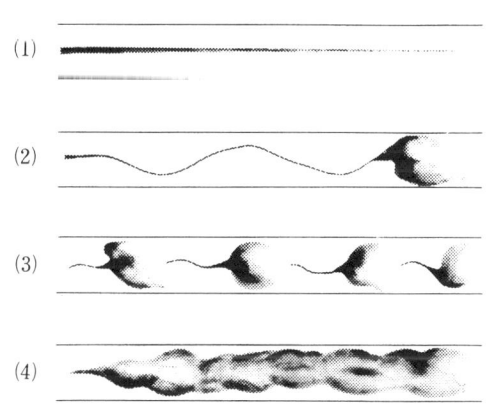

図-4.1.2 着色液による流れの状態の観測記録例

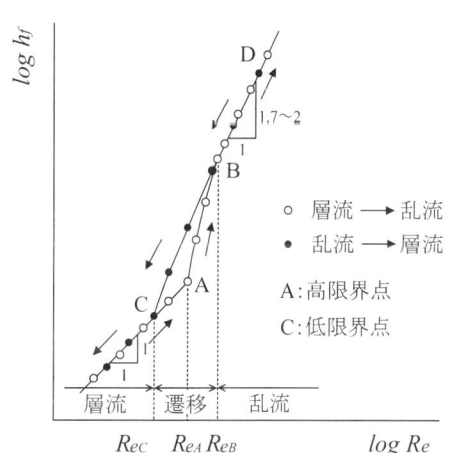

図-4.1.3 層流・乱流遷移における限界レイノルズ数と摩擦損失水頭（4.3「管水路の摩擦損失」参照）

---

4. 結果の整理

(A) **流れの観測**

(1) 着色液の状態について観察した事柄を詳細に記述する．

(B) **限界レイノルズ数の測定**

(1) 測定した水温に対する水の動粘性係数 ν を**付表 8** から求める．

(2) 次の諸量を計算し，それぞれの限界点に対するレイノルズ数を求める．

a. 流量 $Q = \dfrac{V}{t}$，V は採水量，t は採水時間

b. 平均流速 $v = \dfrac{Q}{A}$，A はガラス管の断面積

c. レイノルズ数 $R_e = \dfrac{vD}{\nu}$，D はガラス管の内径

(C) **摩擦損失水頭の測定（(B) を含む）**

(1) (B) の諸量に加え，マノメーターの読みの差から損失水頭 h_f を求め，レイノルズ数 R_e との関係を両対数紙上にプロットし，**図-4.1.3** を作成する．

5. 関連知識

(1) レイノルズは実験によって，流れの性質に染料が線状をなして整然と流れる層流と流線が乱れて混合しながら流れる乱流とがあることを発見し，この2種類の流れの状態は次式で表される無次元量によって決められることを示した．この無次元量をレイノルズ数という．

$$R_e = \frac{vD}{\nu} \tag{4.1.1}$$

ここに，v：平均流速，D：管径，ν：流体の動粘性係数

層流と乱流を分けるレイノルズ数を限界レイノルズ数といい，これは層流から乱流に変わるときと乱流から層流に変わるときでは異なっている（**図-4.1.3** 参照）．前者を高限界レイノルズ数，後者を低限界レイノルズ数という．低限界レイノルズ数は乱流状態を保持できる下限の値で2 000程度であり，これ以上のレイノルズ数の流れでは，管壁面の粗さや流れの不均一性，装置の振動など，わずかな条件の変化によって乱流になる．したがって，層流状態を保持できる上限の高限界レイノルズ数は不確定で一般的には2 000～4 000程度であるが，条件を整えれば20 000程度まで上昇することがある．

(2) レイノルズ数は，模型実験における力学的相似条件のうち，慣性力と粘性力の比を示すものであり，慣性力と重力の比を表すフルード数とともに重要な水理量である．

$$\frac{慣性力}{粘性力} = \frac{\rho L^3 v^2/L}{\mu(v/L)L^2} = \frac{\rho v L}{\mu} = \frac{vL}{\nu} = R_e \tag{4.1.2}$$

ここに，L：代表長さ，μ：流体の粘性係数．

一般に，模型実験にあたっては原型の諸量に対応して模型の縮尺を定め，幾何学的相似と運動学的相似を満たすとともに，力学的相似を満たすことが望まれる．たとえば，π定理により関係物理量を無次元量に書き直して，それらの無次元量（R_e，F_r など）を模型と原型で一致させることで，両者の相似を保った実験ができる．

(3) 粘性係数が未知の液体を流してレイノルズ数を測定する場合は，**図-4.1.4** に示す器具を用いて，層流の管路流れに関するハーゲン・ポアズイユの法則に基づく次式から粘性係数を求めればよい．

$$\mu = \frac{\pi r^4 \Delta P t}{8VW} \tag{4.1.3}$$

ここに，r：毛細管の半径，$\Delta P = \rho g H$，$H = (H_1 + H_2)/2$，t：液の落下時間，V：球形容器の容積，W：毛細管の長さ．

実験は，まず，ビーカーに測定対象の液体を入れ，その液を吸い上げて球形容器内に満たす．ついで，コックを開いて液体を流下させ，液面が上下の目盛線を通過する時間tを測定する．なお，毛細管の半径rおよび球形容器の容積Vが不明な場合は，別途，それぞれ以下の式から求める．

$$r = \sqrt{\frac{m_1}{\pi l \rho_0}} \tag{4.1.4}$$

$$V = \frac{m_2}{\rho_0} \tag{4.1.5}$$

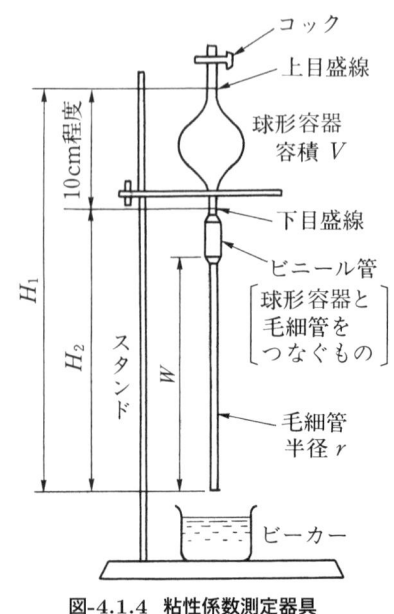

図-4.1.4 粘性係数測定器具

ここに，m_1：毛細管に入れた水の質量，l：毛細管に入れた水の長さ（W でなくても良い），ρ_0：水の密度，m_2：球形容器に水を吸い上げ，上下目盛間の液をビーカーに滴下して測定した水の質量．

なお，粘性係数は，液体の温度がわかれば**付表 9** から求めることもできる．

6. 設　　問

(1) それぞれの限界点において測定されたレイノルズ数と低限界点（$R_e = 2\,000$ 程度）のレイノルズ数を比較し考察せよ．

(2) 流速を増加させて層流から乱流に遷移させたときの限界レイノルズ数と流速を減少させて乱流から層流に遷移させたときの限界レイノルズ数が異なる理由を調べよ．

(3) 一般に，レイノルズ数が $2\,300 \sim 4\,000$ 程度では流れは遷移状態にあるとされている．実験結果がこれから大きく異なる場合はその原因について考察せよ．

(4) 摩擦損失水頭とレイノルズ数の関係図（**図-4.1.3**）から，層流→乱流→層流と変化する流れに対するレイノルズ数と損失水頭の関係について考察せよ．

4.2 管水路流速分布の測定

1. 目 標

(1) 管水路内の流速を測定し，流速分布曲線を描き，分布形を確かめる．
(2) 理論式より求めた流速分布曲線と，測定した流速分布曲線を比較し，適合度や相違点を確認する．
(3) 五点の位置の流速を測定して算出する流量（五点法）と，流量測定装置で測定した流量を比較し，適合度を確認する．

2. 使用設備および器具

(1) 管水路　　　　　　　　　　　　　　　　　　　　　　　　　　　　　　　　　　　　　1 式
　　※圧力取り出し口や静圧管を装置したもの，内径の目安，透明であれば動圧管の様子を確認できる
(2) 動圧管　　　　　　　　　　　　　　　　　　　　　　　　　　　　　　　　　　　　　1 本
(3) 差動マノメーター　　　　　　　　　　　　　　　　　　　　　　　　　　　　　　　　2 台
(4) 傾斜台　　　　　　　　　　　　　　　　　　　　　　　　　　　　　　　　　　　　　1 台
(5) 鋼尺　　　　　　　　　　　　　　　　　　　　　　　　　　　　　　　　　　　　　　1 本
(6) ノギス　　　　　　　　　　　　　　　　　　　　　　　　　　　　　　　　　　　　　1 本
(7) 温度計　　　　　　　　　　　　　　　　　　　　　　　　　　　　　　　　　　　　　1 本
(8) 流量測定装置（検定済みのもの）　　　　　　　　　　　　　　　　　　　　　　　　　1 式

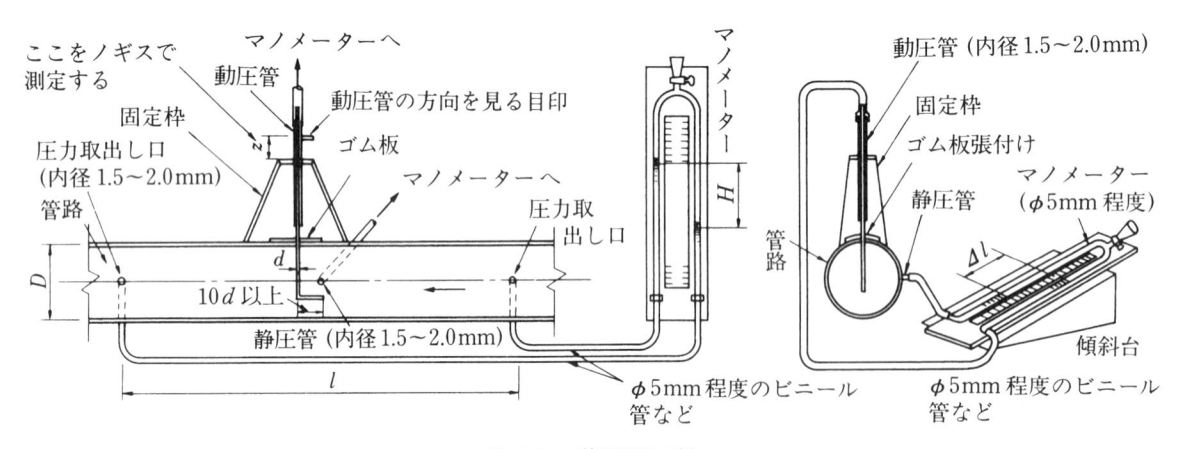

図-4.2.1 使用器具の例

3. 実 験 要 領

(1) 流速測定点に動圧管をセットする．
(2) 流速測定点の上流下流に設けた圧力取り出し口間の距離 l，および管径 D を測定する．
(3) 2つの圧力取り出し口とマノメーターをビニール管などで接続する（損失水頭用）．
(4) 動圧管および静圧管とマノメーターを連結し，マノメーターを傾斜台に乗せる（速度水頭用）．
(5) 管内に通水し，流速測定下流のバルブを締め，マノメーターの圧力水頭差の有無を確かめる．
(6) 流速測定点下流のバルブを開け，流量が一定になるのを待ってマノメーターの圧力水頭差 H（**図-4.2.1** 参照）を読む．

(7) 五点法の位置（**図-4.2.2** 参照）に動圧管頭部中心が来るようにノギスで調整して各点におけるマノメーターの水位差 Δl（**図-4.2.1** 参照）を読む．
(8) 五点法の位置以外の点も，できるだけ多数の点で測定し，Δl と管壁よりの距離 z を記録する．
(9) 流量測定装置で，このときの流量を測定する．
(10) 流量を変化させ，(7)〜(9)を繰り返し3回行う．
(11) 水温を測定する．

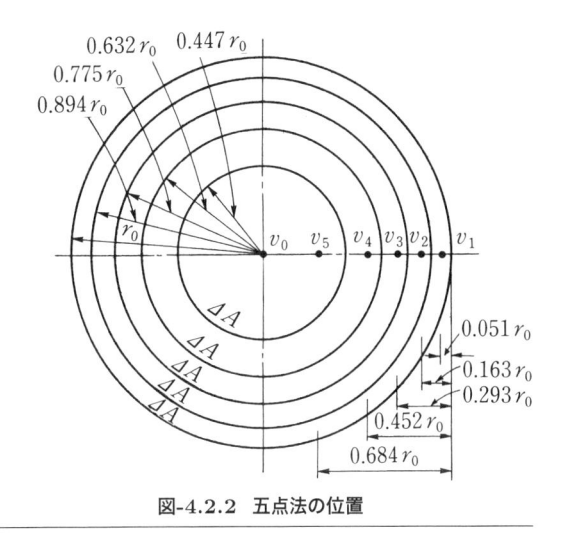

図-4.2.2 五点法の位置

4. 注意事項

(1) マノメーターの取り扱いについては，**1.1**「マノメータによる圧力差の測定」の項を参照のこと．
(2) 動圧管内の内径は流れを乱さないように細かいほどよいが，ゴミ等で詰まる心配もあるため，1.5〜2 mm くらいが使用しやすい．
(3) 動圧管を正しく流れの方向に向けて測定する．
(4) 動圧管の位置（管壁からの距離）の測定は，特に入念に行うこと．
(5) 流速分布図が正確に描けるよう，流速変化の大きい管壁付近で多数測定するとよい．
(6) 管中心より下方のみで測定し，上下左右は対称とみなしてもよい．

5. 結果の整理

(1) $R_e = vD/\nu$ よりレイノルズ数を求め，層流（$R_e < 2\,000$），遷移領域（$2\,000 < R_e < 4\,000$），乱流（$R_e > 4\,000$）を調べる．上式中，v は実測平均流速 Q/A，D は管内径，ν は動粘性係数である．
(2) 傾斜マノメーターの水位差 Δl から圧力水頭差 h（$h = \Delta l \div$ 拡大倍率）を求める．
(3) $u = C\sqrt{2gh}$ より各点の流速 u を求める．ただし，C はピトー管係数で，係数不明の場合は $C = 1.0$ とする．
(4) 次の理論式より各点の流速を求める．

層流の場合

$$u = u_{\max}\left(1 - \frac{r^2}{r_0^2}\right), \quad u_{\max} = \frac{w_0 H}{4\mu l}r_0^2 \tag{4.2.1}$$

ここに，u：管軸より距離 r 離れた点の流速，r_0：管半径，$u_{\max}$：最大流速，w_0：水の単位体積重量，H：マノメーターの圧力水頭差（**図-4.2.1** 参照），μ：粘性係数，l：圧力水頭差 H を生ずる間の水平距離

乱流の場合

$$\frac{u}{u_*} = 5.5 + 5.75\log_{10}\frac{u_* z}{\nu} \quad \text{（なめらかな管のとき）} \tag{4.2.2}$$

$$\frac{u}{u_*} = 8.5 + 5.75\log_{10}\frac{z}{k} \quad \text{（粗い管のとき）} \tag{4.2.3}$$

ここに，u：壁面から距離 z 離れた点の流速，u_*：摩擦速度（$u_* = \sqrt{\tau_0/\rho} = \sqrt{gRI}$），$\tau_0$：壁面せん断応力（$\tau_0 = r_0 w_0 H/2l$），$\rho$：水の密度，$\nu$：動粘性係数，$k_s$：相当粗度（管壁の凹凸の高さ）

(5) 横軸に流速 u，縦軸に管壁よりの距離 z をとり，(3)，(4) の結果を図に示し比較検討する．

(6) 横軸に u_*z/ν または z/k_s をとり，(3) の実験結果を片対数グラフ用紙上に示す．

(7) 五点法の位置の流速を $u_1 \sim u_5$ とし，これと管断面積 A を 5 等分した $\Delta A_1 \sim \Delta A_5$ の積の総和から流量 Q を求める．

$$Q = \Delta A_1 u_1 + \cdots + \Delta A_5 u_5 = A(u_1 + u_2 + u_3 + u_4 + u_5)/5 \tag{4.2.4}$$

(8) 次の公式より Q を求める．

層流の場合

$$Q = \frac{\pi w_0 H r_0^4}{8\mu l} \tag{4.2.5}$$

乱流の場合

$$Q = \pi r_0^2 u_* \left(1.75 + 5.75 \log_{10} \frac{u_* r_0}{\nu}\right) \text{（なめらかな管のとき）} \tag{4.2.6}$$

$$Q = \pi r_0^2 u_* \left(4.75 + 5.75 \log_{10} \frac{r_0}{k_s}\right) \text{（粗い管のとき）} \tag{4.2.7}$$

である．

(9) 流量測定装置で測定した結果と，(7)，(8) で求めたものとを比較検討する．

6. 関連知識

(1) 種々の管種に対する相当粗度 (k_s) の標準値は**表-4.2.1** のとおりである．

表-4.2.1 相当粗度の標準値 [1]

管種	壁面状態	k_s (m)
塩化ビニール管	工業的になめらか	$\sim 2 \times 10^{-6}$
鋳鉄管	新 アスファルト舗装	$(1 \sim 1.5) \times 10^{-4}$
	新 塗装なし	$(2.5 \sim 5) \times 10^{-4}$
	古 さび発生	$(1 \sim 1.5) \times 10^{-3}$
	古 はなはだしくさび，コブ発生	$(2 \sim 5) \times 10^{-3}$
コンクリート管	新 なめらか，スチールフォーム使用，継目平滑	$(1.5 \sim 6) \times 10^{-5}$
	遠心力コンクリート管，継目良好	$(1.5 \sim 4.5) \times 10^{-4}$
	粗面，レイタンスが流出しているもの	$(4 \sim 6) \times 10^{-4}$

(2) なめらかな円管内の流速分布を詳細に調べると，**図-4.2.3** のようになる．壁面に近い薄い層の中 ($u_*z/\nu < 5$) では，水の分子粘性の働きが強く，流れはほぼ層流状態となる．壁面から離れる ($70 < u_*z/\nu$) と，渦動粘性が卓越して水の分子粘性が無視できるようになり，乱流の流速分布式 (4.2.2) が成立する．$(5 < u_*z/\nu < 70)$ の範囲は，分子粘性と渦動粘性が混在する領域で，遷移領域と呼ばれる．

以上の区分を簡略化して，層流と乱流を示す式の交点 (11.6) を読み取り，次式で表すことがある．

$$\frac{u_* \delta_L}{\nu} = 11.6 \tag{4.2.8}$$

$$\delta_L = 11.6 \frac{\nu}{u_*} \tag{4.2.9}$$

この δ_L を粘性底層と呼んでいる．管壁の絶対粗度 k_s が，δ_L よりも小さいか大きいかによって，な

めらかな管か粗い管かに分けることもできる．

しかし，一般的には遷移領域も考慮して，$u_* k_s/\nu < 5$ のときなめらかな管，$70 < u_* k_s/\nu$ のとき粗い管として扱われる．

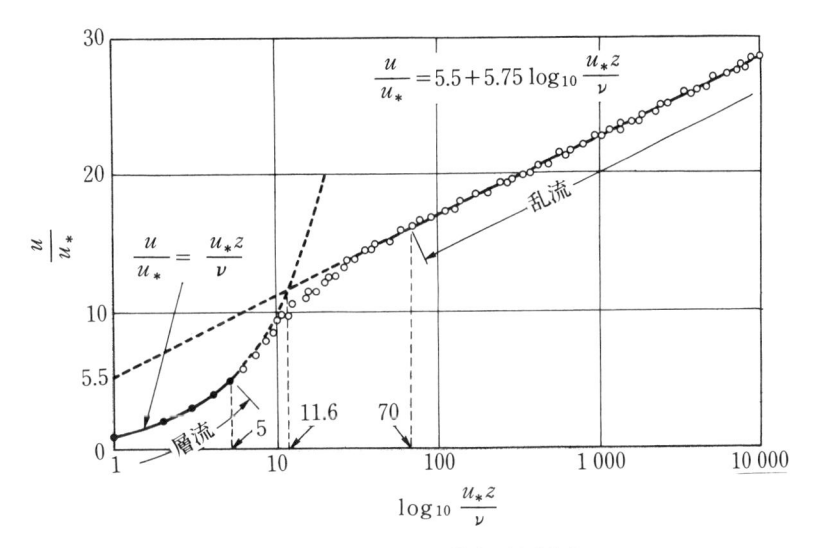

図-4.2.3 なめらかな円管内の流速分布

---

7. 設　問

(1) 実測値より描いた速度分布図と，理論値より得た結果を図示したものはよく一致したか，誤差があればその原因は何かを推論せよ．

(2) 本実験に用いた管路で，層流を得るためには，平均流速をいくら以下とすべきか．

(3) 実験値より描いた片対数グラフは，直線状をなしているか，またその傾きはどうか．

(4) 最大流速は平均流速の何倍くらいになったか．

(5) 実測による流速分布図を用いて平均流速を求めよ．

【参考文献】
1) 土木学会編：水理公式集 平成 11 年版，p.374，表 4-3-1，土木学会，平成 11 年 11 月．

4.3 管水路の摩擦損失

1. 目標

管水路の摩擦損失水頭と平均流速との関係，および摩擦損失係数（抵抗係数）とレイノルズ数との関係を調べ，管水路の摩擦の抵抗則を理解する．

2. 使用設備および器具

(1) 管水路（**図-4.3.1**を参照）　　　　　　　　　　　　　　　　　　　　　　　　　　　1式
(2) マノメーター（拡大率10倍くらいの差圧型が望ましい）　　　　　　　　　　　　　　1式
(3) 流量測定装置（三角ぜき，ベンチュリメーターなど）　　　　　　　　　　　　　　　1式
(4) 温度計，鋼巻尺，ノギス　　　　　　　　　　　　　　　　　　　　　　　　　　　各1個

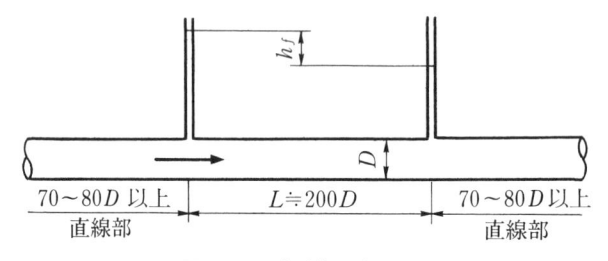

図-4.3.1　実験管水路の基準

3. 実験要領

(1) 管の内径 D，圧力差測定点間の管長 L を測定する．
(2) 圧力差測定点とマノメーターをビニール管で連結する．
(3) バルブを調節して流量が一定になったことを確かめて，流量 Q を測定する．
(4) マノメーターの読みをとり，2点間の摩擦損失水頭 h_f を求める．同一流量で複数回測定し，その平均値をとる．
(5) 流量を変えて (3)〜(4) の測定を繰り返す．
(6) 水温を測定する．

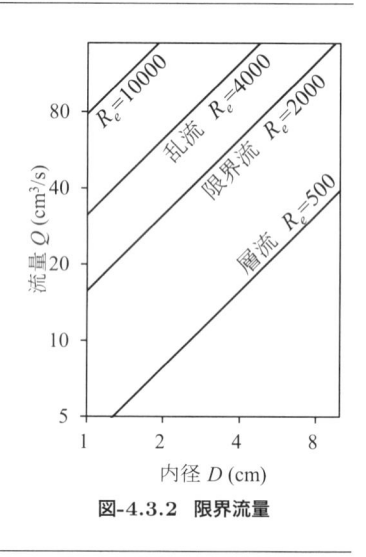

図-4.3.2　限界流量

4. 注意事項

(1) 管水路の内径 D は，層流を得るためには 2.5 cm 以下が望ましい．また，管水路の長さについては，マノメーター取り付け点の間隔を管径の200倍程度，取り付け点の上下流の長さをともに管径の70〜80倍以上を確保できるものが望ましい
(2) マノメーターの取扱いについては，**1.1**「マノメーターによる圧力差の測定」の項を参照せよ．
(3) 流量はあらかじめ層流，乱流になる目安を**図-4.3.2**より求め，実験において層流から乱流までカバーできる流量を設定して計測する．

5. 結果の整理

(1) データシートの計算順序に従い，次の諸量を計算する．

① 管断面積 (A)，② 平均流速 (v)，③ 速度水頭 ($v^2/2g$)，④ レイノルズ数 (R_e)，⑤ エネルギー勾配 (I_f)，⑥ 摩擦損失係数 (f)，⑦ シェジーの係数 (C)，⑧ マニングの粗度係数 (n)

(2) 両対数グラフに h_f-v の関係を描き，乱流と層流の間の変化の状態をみる．

(3) 両対数グラフに摩擦損失係数 f と R_e の関係を描き，ニクラーゼの実験結果（**図-4.3.3**）やムーディ図（**図-4.3.4**）と比較する．

(4) 乱流域のマニングの粗度係数 n の平均値を求めてこの管の粗度係数とし，この値を教科書や参考書に示されている値と比較する．

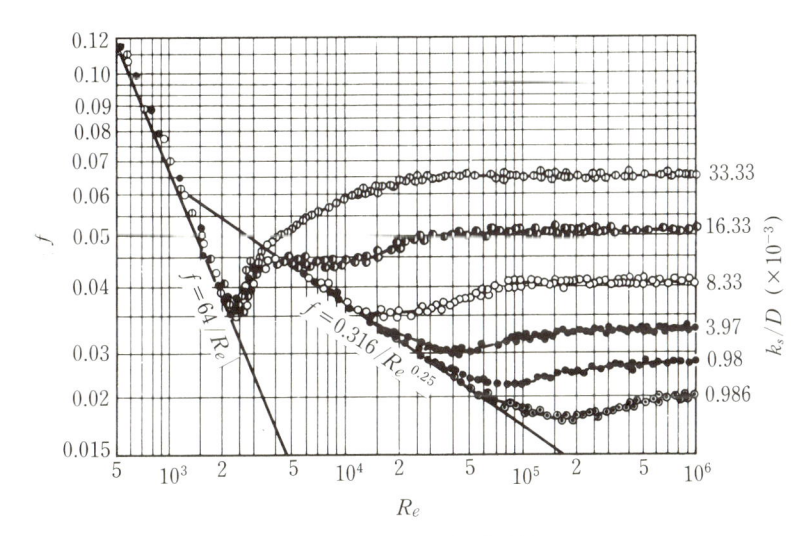

図-4.3.3 ニクラーゼの実験結果

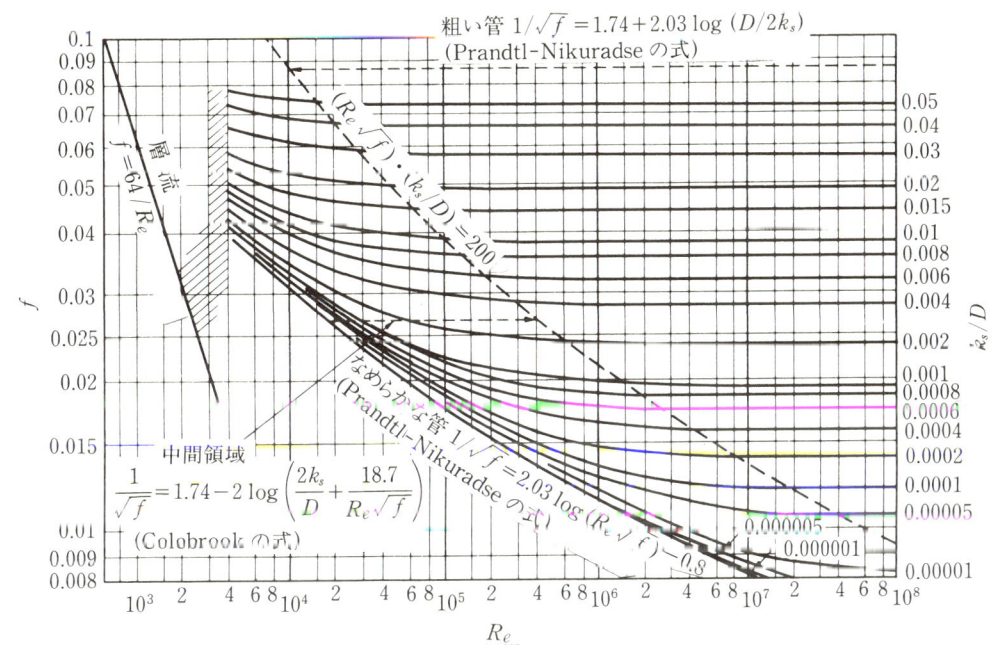

図-4.3.4 ムーディ図

6. 関連知識

(1) 摩擦損失水頭 h_f は，ダルシー・ワイズバッハの式

$$h_f = f\frac{L}{D}\frac{v^2}{2g} \tag{4.3.1}$$

を利用して表現すると，(a) 流れにくさを表す無次元係数である摩擦損失係数 f，(b) 管路の形状を表す区間長 L と内径 D，(c) 速度水頭の組合せにより表される．ニクラーゼの実験結果やムーディ図は，f と R_e 数の関係をグラフ化したものである．これらの図では，管壁の相当粗度である k_s の異なる結果が示されている．

(2) ニクラーゼの実験結果（図-4.3.3）やムーディ図（図-4.3.4）を見ると，レイノルズ数の小さな層流の領域では，k_s の大小にかかわらず f は一つの直線で表されている．レイノルズ数が大きな乱流領域では，k_s の大きさに合わせて f が一定値を持つ領域が認められる．係数 f が一つの直線で表される層流領域と，f が一定値となっている乱流領域の間では，それぞれの線をつなぐような曲線が形成されており，その遷移領域は中間領域とも呼ばれる．表面が荒い管路では乱流領域で f が一定値を示すが，滑らかな管路では，レイノルズ数が大きい乱流でも f は一定値を示さずレイノルズ数の関数となる．

(3) 図-4.3.3 と図-4.3.4 を見比べると中間領域のプロットに相違がみられる．図-4.3.3 に示すニクラーゼの実験は直径 $D = 25 \sim 100$ mm の真ちゅう円管の内面に一定粒径の砂粒を一様に貼り付けて粗度をもたせて行ったものである．図-4.3.4 に示すムーディ図では，不規則な荒さの結果を含めたより一般的な結果を表している．

(4) 管路において曲がり部などで摩擦以外の損失も生じる場合がある．複数の損失が組み合わされた区間を囲んだ 2 点間の損失水頭 ΔH には複数の損失の影響が現れる．その区間での摩擦以外の損失 h_m を算定するためには，ΔH に含まれる摩擦損失の影響を除去する必要がある．そのために，別途直線区間などで管路の摩擦損失係数 f を特定できれば，複数の損失がある区間での摩擦損失 h_f を，係数 f とダルシー・ワイズバッハ式より算定できる．その算定された h_f と ΔH との差が摩擦以外の損失水頭 h_m となる．

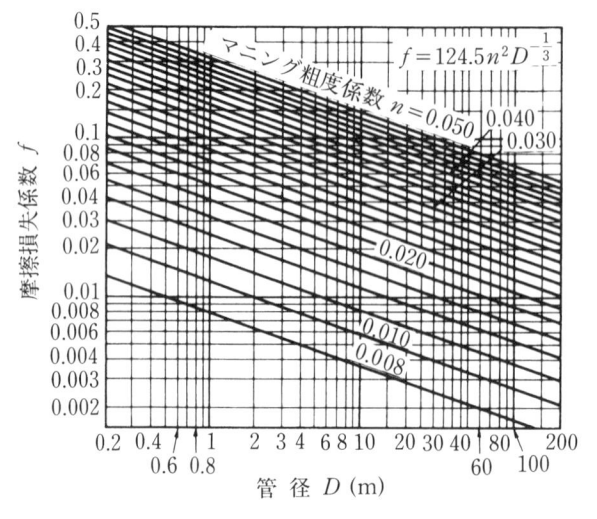

図-4.3.5 マニングの粗度係数 n，管径 D と摩擦損失係数 f の関係

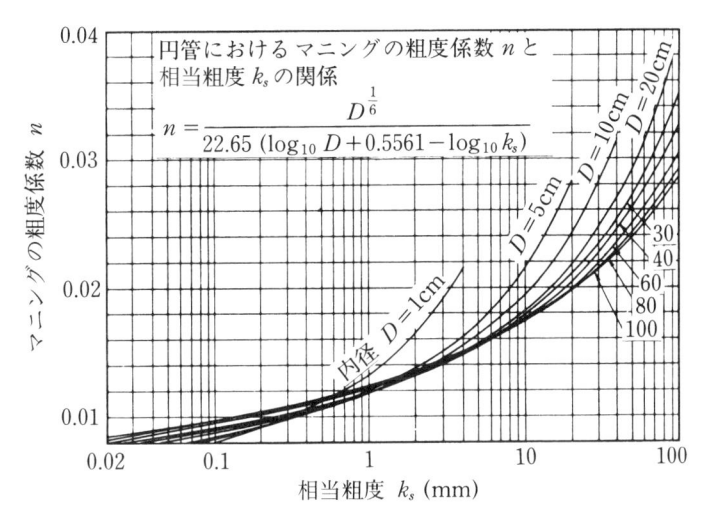

$$n = \frac{D^{\frac{1}{6}}}{22.65\,(\log_{10} D + 0.5561 - \log_{10} k_s)}$$

図-4.3.6 マニングの粗度係数 n と相当粗度 k_s の関係

---

7. 設 問

(1) 限界レイノルズ数はどのくらいになるか．

(2) マニングの式より得られる粗度係数 n と摩擦損失係数 f はどのような関係となるか．f と n の関係式を導け（参考として f, n, D の関係を**図-4.3.5** に，また n, k_s, D の関係を**図-4.3.6** に示す）．

4.4 管水路の形状損失

1. 目標

管水路の断面急変部における流れの剥離や渦の発生，管の曲がりによる2次流の発生などによって起こるエネルギー損失について習熟する．

2. 使用設備および器具

(1)	管水路	1式
(2)	マノメーター	1式
(3)	流量測定装置（三角ぜき，ベンチュリメーターなど）	1式
(4)	温度計，鋼巻尺，ノギス	各1個

3. 実験要領

断面急変部の前後の圧力差を以下の手順で測定する．

(1) 水路の各部分の内径・長さを計測する．ただし，流入・流出部において開水面を有する断面は除く．

(2) 圧力測定点とマノメーターをビニール管で連結する．開水面を有する断面については，水路壁の流速の影響を受けない位置にアダプターを埋め込みビニール管を接続する．エネルギー線・動水勾配線は**図-4.4.1～図-4.4.4**に示すように断面急変部周辺で複雑に変化するため，その影響を受けない位置に圧力計測点を設定する．特に，断面急変部の下流では速度分布の再形成にある程度距離を要することを，

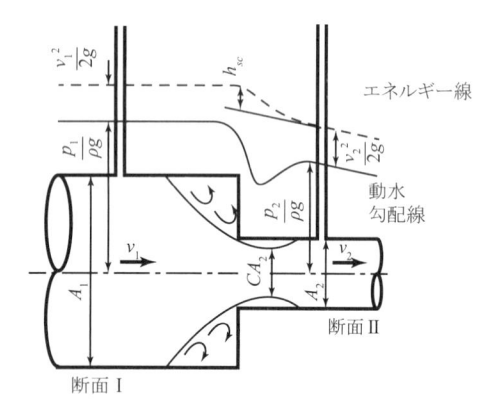

図-4.4.1 流入部の流れ

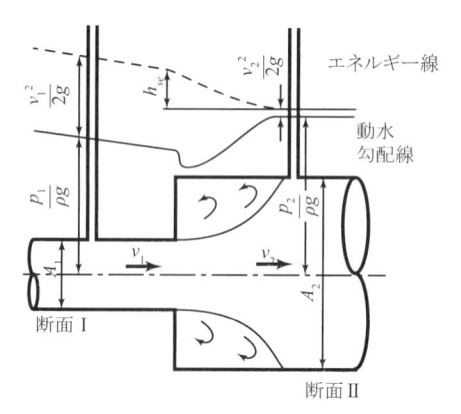

図-4.4.2 急拡部の流れ

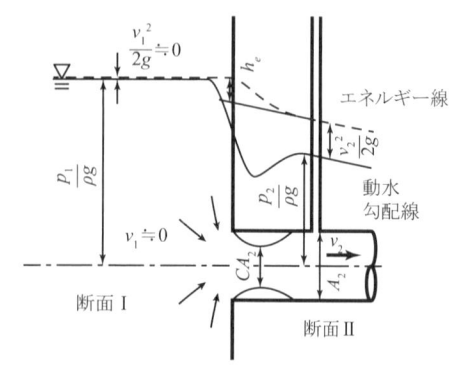

図-4.4.3 急縮部の流れ

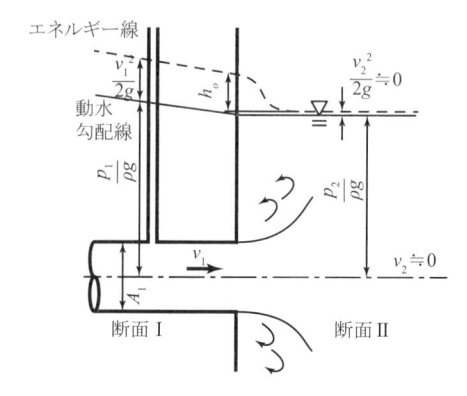

図-4.4.4 出口部の流れ

断面 II の設定位置に際して留意する.
(3) 管水路に水を流し,流量が一定になったことを確かめて流量 Q を測定する.
(4) マノメーターを読み,計測点の圧力水頭 $p/\rho g$ を求める.
(5) 流量を変更し,3 回程度同じ測定を行う.
(6) 可能であれば染料注入による流れの可視化や,急変部の近傍にも計測点を複数配置して,速度分布の再形成位置を確認する.

4. 注意事項

(1) 管水路は,流入・急拡・急縮・流出・曲がり等の断面急変部を有するものとし,また染料を用いた流れの観察ができる透明なものが望ましい.
(2) マノメーターの取扱いについては,**1.1**「マノメーターによる圧力差の測定」の項を参照せよ.
(3) 圧力変動が小さくなるような循環システムを工夫する.

5. 結果の整理

(1) 急変部の前後(断面 I および断面 II)の断面積を算出する.
(2) 求められた流量から断面 I および断面 II における流速 v_1, v_2 を求める.ただし,開水面を有する断面については流速を 0 とおく.
(3) 断面 I および断面 II における速度水頭を計算する.
(4) 断面 I,断面 II 間の断面急変によるエネルギー損失水頭 h_m は,

$$h_m = \left(\frac{p_1}{\rho g} + \frac{v_1^2}{2g}\right) - \left(\frac{p_2}{\rho g} + \frac{v_2^2}{2g}\right) \tag{4.4.1}$$

で表される.ここに,p:圧力,ρ:水の密度,g:重力加速度であり,添え字は断面を表す.圧力水頭の差 Δh_p は,$\Delta h_p = p_1/(\rho g) - p_2/(\rho g)$ であるから,式 (4.4.1) に断面 I および断面 II の速度水頭と Δh_p を代入して,断面急変によるエネルギー損失水頭 h_m を求める.

(5) 入口,急拡,急縮,出口,曲がり,バルブの有無などの断面急変部で生じる形状損失は,一般的に次式のように速度水頭に係数を乗じることにより表現する.

$$h_m = \zeta \frac{v^2}{2g} \tag{4.4.2}$$

ここに ζ (ゼータ) はエネルギー損失係数である.また速度水頭は,内径の小さい方の断面の値を用いる.様々な形状の損失係数について理論値および実験値が整理されているので,水理学の教科書等を参照されたい.ここでは代表的な形状損失について解説する.

a. 急拡部および出口部の損失(理論値)

$$h_{se} = \zeta_{se} \frac{v^2}{2g}, \quad \zeta_{se} = \left(1 - \frac{A_1}{A_2}\right)^2 \tag{4.4.3}$$

ここで,出口部を対象とする場合 $A_2 \to \infty$ から $\zeta_{se} \to 1$ が得られる.したがって,出口部におけるエネルギー損失は,

$$h_o = \frac{v^2}{2g} \tag{4.4.4}$$

となる．

b. 急縮部および流入部の損失（実験値）

急縮部や流入部では，流水断面積は一度 CA_2 まで縮小し，その後 A_2 まで拡大する．ここに，C：収縮係数である．損失水頭はこの拡大に起因して生じる．損失水頭はこの断面縮小量から，

$$h_{sc} = \zeta_{sc}\frac{v^2}{2g}, \quad \zeta_{sc} = \left(\frac{1}{C} - 1\right)^2 \tag{4.4.5}$$

と算定できる．入口部の形状が変化すると，接近流の曲率などが変化するため損失係数は変化する．たとえば，角に丸みをつけると収縮係数は 1 に近づき，エネルギー損失係数 ζ_{sc} は 0 に近づく．急縮による損失に関するワイズバッハの実験結果を**表-4.4.1**に示す．入口部を対象とする場合には，$A_1 \to \infty$ の場合に相当し，$A_2/A_1 \to 0$ の条件に対応することから**表-4.4.1**より，エネルギー損失係数は $\zeta_{sc} \to 0.5$ と見なせる．いくつかの代表的な形状について，**図-4.4.5**にその値を示す．ζ_{sc} の値はここに示したものの他にもいくつかあり[例えば 4), 6)]，それぞれの値と実験値を比較するとよい．

表-4.4.1 急縮部および流入部の損失係数

A_2/A_1	0.0	0.1	0.2	0.3	0.4	0.5	0.6	0.7	0.8	0.9	1.0
C	0.59	0.61	0.62	0.63	0.65	0.67	0.70	0.73	0.77	0.84	1.00
ζ_{sc}	0.50	0.41	0.38	0.34	0.29	0.24	0.18	0.14	0.09	0.04	0.00

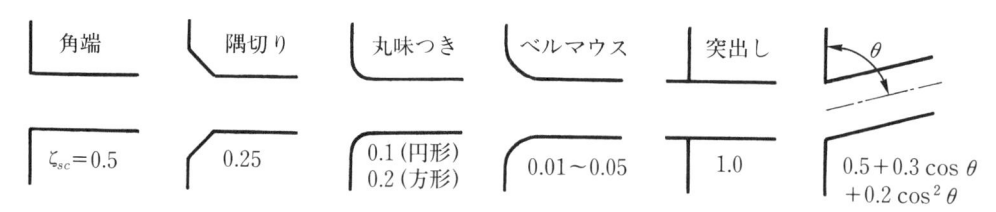

角端	隅切り	丸味つき	ベルマウス	突出し	θ
$\zeta_{sc}=0.5$	0.25	0.1（円形） 0.2（方形）	0.01～0.05	1.0	$0.5 + 0.3\cos\theta + 0.2\cos^2\theta$

図-4.4.5 流入部の損失係数 [5]

c. 漸拡管の損失

管径が一定区間で拡大していく漸拡区間でのエネルギー損失 h_{ge} は，急拡による損失をもとに，これを補正する形で表される．すなわち

$$h_{ge} = \zeta_{ge}h_{se} = \zeta_{ge}\zeta_{se}\frac{v^2}{2g} \tag{4.4.6}$$

漸拡によるエネルギー損失係数 ζ_{ge} は，壁面での摩擦損失，流速分布の変化に伴う損失，壁面からの流れの剥離に伴う損失が組み合わされている．$d_2/d_1 = 1.5$ および $d_2/d_1 = 3.0$ の場合のエネルギー損失係数 ζ_{ge} を**図-4.4.6**に示す．漸拡区間のエネルギー損失は，管路壁の摩擦損失と形状損失の合計で

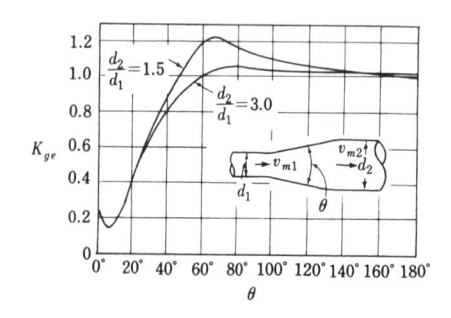

図-4.4.6 漸拡管における損失係数 [3]

ある．角度 θ が 6° 程度より小さい場合には摩擦損失が卓越するが，これを越えると形状損失による効果が支配的となり，その中間の 6° 付近で ζ_{ge} が最小値を示す．$d_2/d_1 = 1.5$ での 60° 付近では剥離域が大きくなり乱れが強く生じるため，損失係数が極大値を示している．さらに角度が大きい領域では $\zeta_{gc} \to 1$ となり，漸拡によるエネルギー損失 h_{ge} は急拡によるエネルギー損失 h_{se} とほぼ等しくなる．

d. 曲がり部の損失

急激な曲がり部では流れが剥離して大きなエネルギー損失を生じるが，曲率半径の大きな緩やかな曲がり部においても，直線部分で生じる摩擦損失より大きなエネルギー損失を生じる．これは，曲がり部において**図-4.4.7**に示すように，管の中心部分と壁面近くでの速度が異なり，大きな速度を持つ管中心において生じる遠心力により二次流が形成され壁面摩擦が増大するとともに流速分布の変化のための損失が生じるためである．一般的に曲がり部でのエネルギー損失 h_b は，曲がり角が 90° での損失係数 ζ_{b1} と，90° での損失に対する任意角度 θ での損失の比（補正係数）ζ_{b2} を組み合わせて表される．

$$h_b = \zeta_{b1}\zeta_{b2}\frac{v^2}{2g} \tag{4.4.7}$$

係数 ζ_{b1}, ζ_{b2} については，曲がり部の曲率半径 r，管径 D，曲がり角 θ を用いて滑らかな管について**図-4.4.8**のように整理されている．

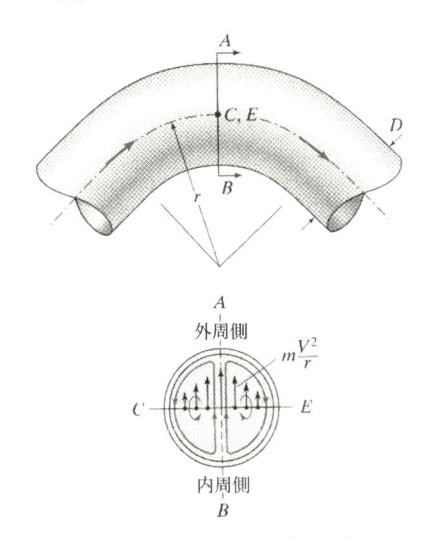

図-4.4.7 曲がり部で生じる遠心力による二次流の発生機構 [4]

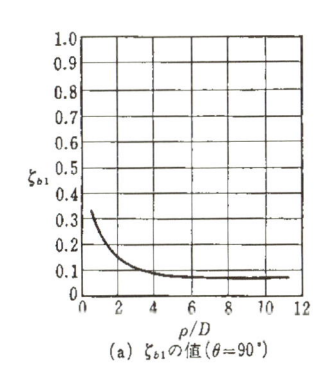

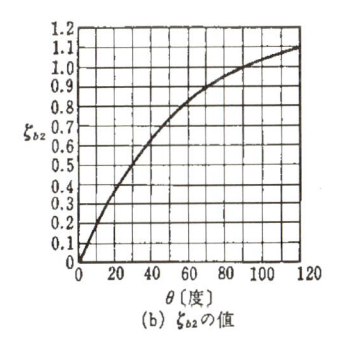

図-4.4.8 曲がり部での損失係数 [6]

6. 関 連 知 識

・管路の形状損失を利用したサイフォン式パイプ魚道

魚道は，河川魚類などの生物の移動を支援する構造物である．この構造形式には，越流ぜきとプールを組み合わせた階段式魚道などのプール型や，阻流板を複数設置して流れを減勢させたデニール式などのストリーム型などに大別される．近年，河川や農業用水の既設魚道の改善，魚道が設置されていない場所に一時的に仮設する簡易的な魚道が提案されている．サイフォン式パイプ魚道もその一つで，管路の形状損失によりエネルギー減衰をより多く生じさせて魚類の遊泳速度以下にして遡上させようとするものである．通常，流水の観点からはエネルギー損失を小さくすることが求められるが，同一落差であれば，魚類遡上の観点からは流水のエネルギー損失を大きくして管内流速をできるだけ小さくする必要がある．

図-4.4.9 は，岐阜県根尾川の既設魚道（水位差：0.8 m）の改善策としてパイプ魚道を設置した事例である．直径 10 cm の塩ビパイプ内に異径管継手を 22 個挿入して遡上実験を行った結果，魚道入口の断面平均流速は 0.3 m/s まで減速し，稚アユやオイカワなどの遊泳魚の遡上が多数確認されている．

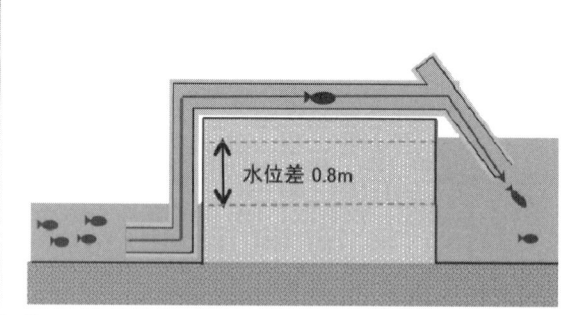

(1) パイプ魚道の設置例（岐阜県根尾川）

a) 魚道入口　　　b) 水平部　　　c) 魚道出口
(2) 魚群の遊泳状況

図-4.4.9　管路の形状損失を利用したサイフォン式パイプ魚道

7. 設問

(1) 式 (4.4.3) を運動量保存則から導け．

(2) 実験要領 (2) に述べたように，断面急変部直近では複雑な圧力変化が生じるため，断面急変部からある程度距離を取って圧力計測点を配置する．圧力計測点から断面急変部までの区間でも摩擦損失が生じる．その影響を検討し，必要であればその影響を 4.3「管水路の摩擦損失」の 6.「関連知識」(4) に示す手順で補正して形状損失水頭を算定せよ．

(3) 算出されたエネルギー損失水頭と「結果の整理」(5) に示した一般的なエネルギー損失係数と比較し，考察せよ．

(4) 流量を変化させた場合のエネルギー損失水頭について考察し，特に，流量，レイノルズ数と損失係数との関係について考察せよ．

【参考文献】

1) Weisbach, J.: Die Experimental-hydraulik, J. S. Eugelhardt, Freiberg, 1855.
2) Rouse, H.: Elementary Mechanics of Fluids, Dover Publications; New York, 1946.
3) 日野幹雄：明解水理学，丸善，1983.
4) Finnemore, E. J. and Franzini, J. B.: Fluid Mechanics with Engineering Applications, McGraw-Hill, 2002.
5) Weisbach, J.: Ingenieur- und Maschinen-Mechanik, 1, 1003, 1896.
6) Anderson, A. G. and Straub, L.: Hydraulics of conduit bends, St. Anthony Falls Hydraulic Laboratory, Bulletin No.1, 1948.

第5章

●開水路の水理●

5.1 常流・射流と跳水

1. 目標

(1) 開水路の流れは，流速 v と水面に生じる長波の伝搬速度（波速）c との関係で 2 種類に大別される．$c > v$（フルード数 $Fr = v/c < 1$）の場合は常流であり，$c < v (Fr > 1)$ の場合は射流という．両者の流れを観察してその差異を理解する．

(2) せきやダムを越える流れは，**図-5.1.1** や **図-5.1.2** のように頂部付近で限界流が生じ，その上流側が常流，下流側が射流になる．この流れの区間（**図-5.1.2** の断面①，ⓒ，②）ではエネルギー損失はほとんどなく，ほぼベルヌーイの定理が成立することを確かめる．

(3) この流れの下流部にせき板やゲートを設置して水位をせき上げ，射流から常流に急変する流れ（跳水）を生じさせる．跳水前後の断面（**図-5.1.2** の断面②，③）において，比力は等しいが，エネルギーは大規模な渦によって損失して等しくないことを確かめる．

2. 使用設備および器具

(1) 開水路（長方形断面の水平水路）	1 式
(2) 流量測定装置（三角ぜき，電磁流量計など）	1 台
(3) 水深測定装置（ポイントゲージ）	1 台
(4) 限界流発生用ダム模型（**図-5.1.3** 参照）あるいは広頂ぜき	1 個
(5) 下流側水位調節装置（せき板，ゲートなど）	1 式
(6) 水路幅測定用スケール（水路幅よりやや短いもの）	2 本
(7) 長尺スケール（1 m 程度）	1 本
(8) 温度計，気温計	各 1 本

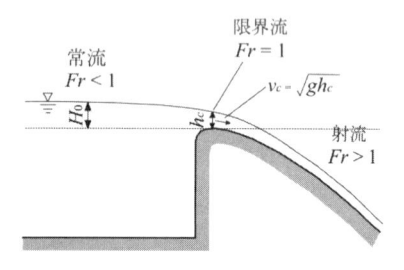

図-5.1.1 越流ぜき付近の流れ

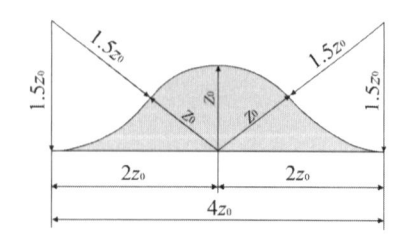

図-5.1.3 ダム模型の一例

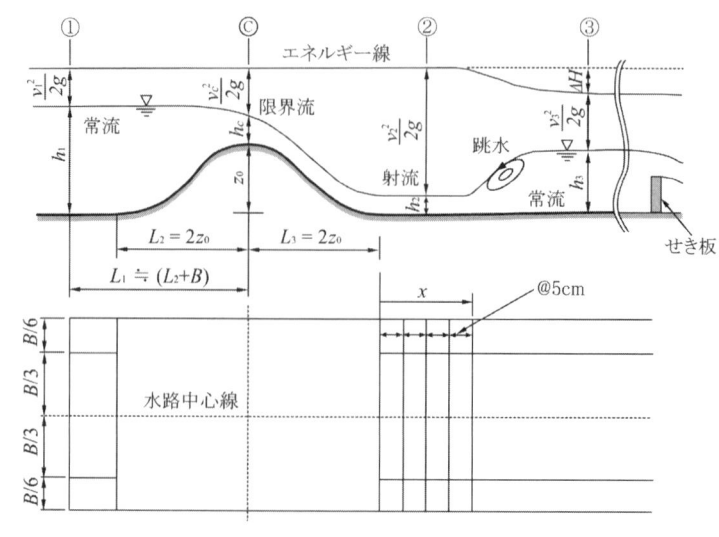

図-5.1.2 実験水路の一例（下図は水深測定位置）

3. 実施要領

(A) 準　備

(1) 水路および水深測定台にスケールを貼り付けて，上記の格子点（水深測定位置）に水深測定装置を移動できるようにする．

(2) 水路幅 B およびダム（あるいは広頂ぜき）の高さを測定する．

(B) 測　定

(1) 流れが定常になり，跳水位置が安定したら流量 Q を測定する．

(2) 流れの状況を観察しながら，上記格子点での水深とダム頂部から距離 $6B$ 上流での水深を測定する．

(3) 流れの中に棒状のものを入れて水面の波動の伝わり方を調べる．たとえば，常流では波紋が上流に伝播する様子を観察することができる．

(4) 流量 Q を再度測定して実験開始時の流量と比較し，流量変化が許容範囲であることを確認する．

4. 注意事項

(1) 水路幅の測定は，水路幅より少し短いスケール2本を水路内に入れて，両側壁からの距離の和で求めるとよい．

(2) 水深の測定は，水面波動などにより高精度に求めることは困難であり，実験室規模ではたかだか 1/100 程度である．したがって，流量の測定精度は 1/60 程度であればよい（**6.** (4) 参照）．

(3) ダム下端から下流では，水面が動揺して水深が測定しにくい．このため，水深の測定は一断面について左岸，中央および右岸の3箇所で行うこととしているが，水面変動量を詳細に把握する必要がある場合には，サーボ式水位計や超音波式変位計などを用いて電気信号を計測して処理するとよい．

5. 結果の整理

(1) 各断面の水深の測定結果から，それぞれの断面の平均水深を求める．

(2) 各断面の平均水深から，ダム上流水深 h_1 とダム頂部水深 h_c を決めるとともに，跳水前水深 h_2 と跳水後水深 h_3 をそれぞれ跳水前後の数断面の平均値として求める．

(3) 各断面および h_1, h_c, h_2, h_3 の断面における次の諸量を計算する．

　a. 流水断面積　　　$A = Bh$
　b. 断面平均流速　　$v = Q/A$
　c. フルード数　　　$Fr = v/\sqrt{gh}$
　d. 速度水頭　　　　$H_v = \alpha v^2/2g$
　e. 比エネルギー　　$E = H_v + h = \alpha v^2/2g + h$
　f. 全水頭　　　　　$H = E + z = \alpha v^2/2g + h + z$
　g. 比力　　　　　　$F_s = Q^2/(gA) + Ah/2$

ここに，α はエネルギー補正係数で通常 1.0～1.1 の値をとる．g は重力加速度で $9.8\,\mathrm{m/s^2}$，z は水路床高である．

(4) 水路縦断図を作成し，水位およびエネルギー線を記入（**図-5.1.4** 参照）して，ダムの越流前後ではエネルギーはほとんど変化せず，跳水前後でエネルギー損失が起こることを確かめる．

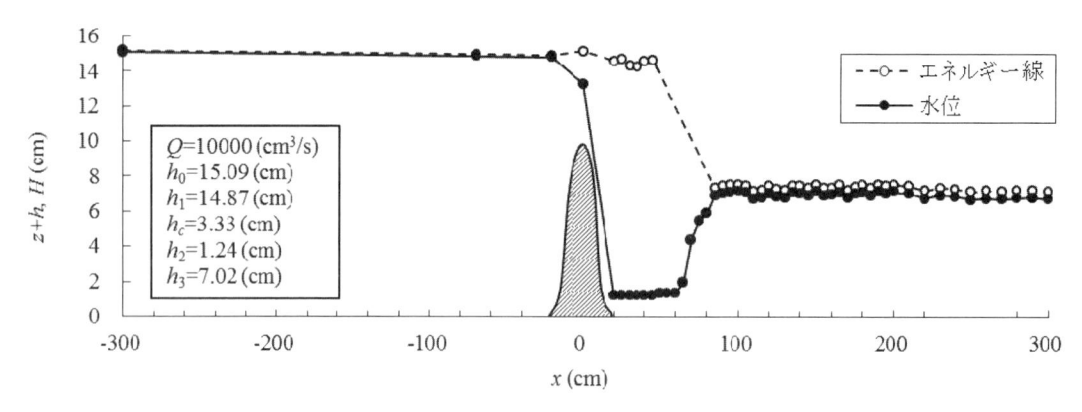

図-5.1.4 水路縦断図と水位およびエネルギー線の例

(5) **図-5.1.5** (a) のような比エネルギー曲線を描き，交代水深や限界水深の関係を調べるとともに，跳水によるエネルギー損失 ΔE を次式から求める．

$$\Delta E = \left(\frac{v_2^2}{2g} + h_2\right) - \left(\frac{v_3^2}{2g} + h_3\right) \tag{5.1.1}$$

(6) **図-5.1.5** (b) のような比力曲線を描き，実験値と比較するとともに，跳水前後で比力がどのような関係にあるかを考察する．

(7) 運動量の法則から得られる，跳水前後の水深の関係式

$$h_3 = \frac{1}{2}\left(\sqrt{1 + 8Fr_2^2} - 1\right)h_2, \quad Fr_2 = \frac{v_2}{\sqrt{gh_2}} \tag{5.1.2}$$

によって，実測された h_2 を用いて h_3 を計算し，実験から測定された h_3 と比較するとともに，次式によってエネルギー損失を計算して式 (5.1.1) の結果と比較する．

$$\Delta E = \frac{(h_3 - h_2)^3}{4h_2 h_3} \tag{5.1.3}$$

なお，式 (5.1.3) から，共役水深の差 $(h_3 - h_2)$ が小さければエネルギーの損失も小さくなることがわかる．また，現象的には強い表面渦が発生せず水面は波状となる（波状跳水）．

(a) 比エネルギーと水深の関係　　(b) 比力と水深の関係

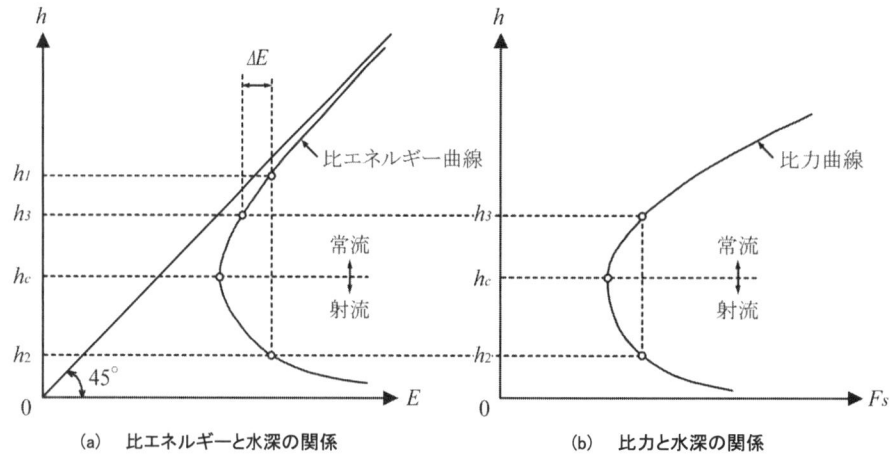

図-5.1.5 比エネルギー曲線と比力曲線

6. 関連知識

(1) 長方形断面の水平水路における長波（水路を伝わる表面波）の伝搬速度（波速）c は $c = \sqrt{gh}$ である．したがって，水路の流速を v とすると，常流ではフルード数 $Fr = v/\sqrt{gh} < 1$，射流では $Fr > 1$，限界流では $Fr = 1$ となる．また，限界流速を v_c とすれば $v_c = \sqrt{gh_c}$ と表すことができ，流速が流量 Q や壁面粗度などに関係なく，限界水深 h_c のみの関数として一義的に決まることを示している．したがって，限界水深がわかれば，$Q = Bh_c\sqrt{gh_c}$ によって流量を推定できる（**図-5.1.1** 参照）．

(2) **図-5.1.5** (a) は，比エネルギーと水深の関係を示したものである．同図から，同じ比エネルギーに対して水深が2通り存在することがわかる．大きい方の水深 h_1 を常流水深，小さい方の水深 h_2 を射流水深という．両者を交換しても比エネルギーは変化しないので，両者の関係を交代水深という．また，$h_1 = h_2$ の場合に比エネルギーが最小となり，このときの水深が限界水深 h_c である．一方，**図-5.1.5** (b) は，比力と水深の関係を示したものである．跳水前後で比力は等しく，跳水前水深 h_2 と跳水後水深 h_3 の関係を共役水深という．

(3) ダムの高さ z_0 と単位幅当たりの流量 Q/B の関係によって，跳水の規模を**図-5.1.6**のように概略推定することができる．

a. 波状跳水：$Fr = 1 \sim 1.7$，表面渦は形成されず水面は波状

b. 弱跳水：$Fr = 1.7 \sim 2.5$，水面に一連の小さい表面渦が形成

c. 動揺跳水：$Fr = 2.5 \sim 4.5$，流入ジェットがあるときには水路床に沿い，場合によっては表面に沿うなど時間的に動揺して不安定

d. 定常跳水：$Fr = 4.5 \sim 9.0$，跳水は安定し下流水面も比較的静穏

e. 強跳水：$Fr > 9.0$，跳水の内部の激しい渦のために，下流側で顕著な波動

このような比較的単純な水平水路上の跳水実験でさえ，**図-5.1.7** に示したように，その内部構造は大規模な渦（これにより大きなエネルギー損失が生じる）や底面には壁面噴流（このため摩擦が大きい）が存在し，しかも空気を巻き込んだ気液混相流となっており，現在でも重要な研究対象となっている．実際の水理設計では，定常跳水によってエネルギーを安定的に減勢することが望ましい．たとえば，ダ

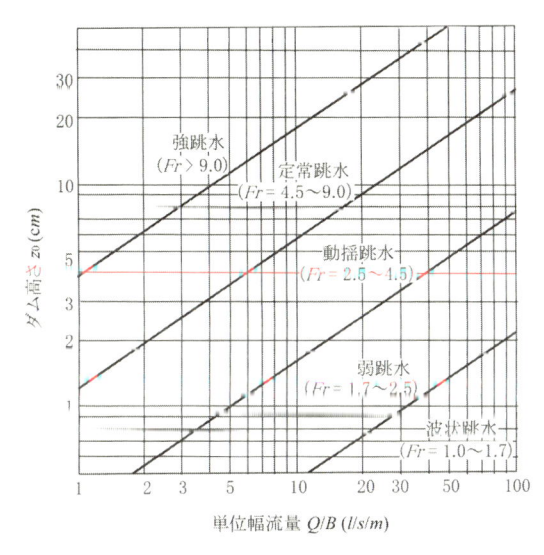

図-5.1.6 ダム高さと跳水の種類

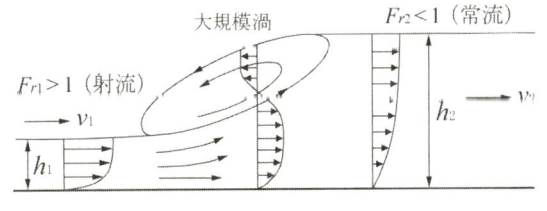

図-5.1.7 水平水路の跳水現象

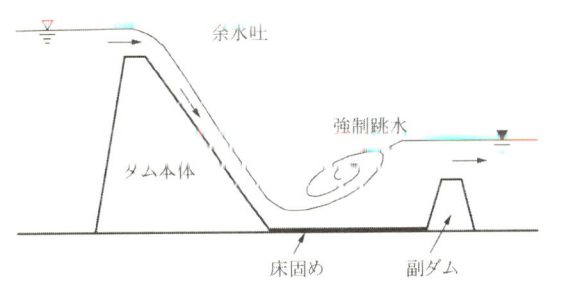

図-5.1.8 ダム高さと跳水の種類

ムの洪水吐きに設置されている大規模な減勢工（床固め）については，**図-5.1.8**のように，できるだけ短い区間で流れのエネルギーを減勢する方式（跳水式，自由落下式など）が採用されている．また，**図-5.1.9**は蛇口から流し台に流れる水の様子である．円盤状に射流部分が拡がり，その周りに跳水が発生していることがわかる．水の量を変えると発生位置も変化する（**付録E**参照）．

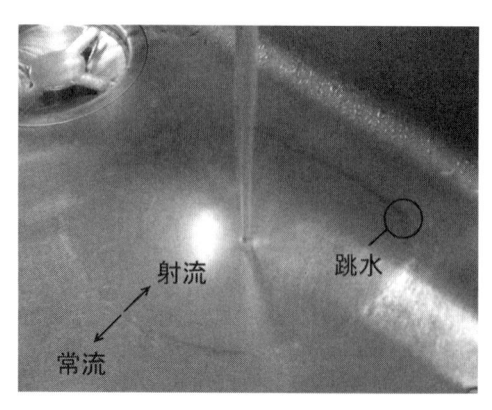

図-5.1.9 流し台の跳水

(4) 水路幅が水深に比べて大きい開水路流れにおいて，水深 h と流量 Q の関係を表す代表的なものに，限界水深 h_c，等流水深 h_0 の計算式がある．

$$h_c = \sqrt[3]{\frac{\alpha Q^2}{gB^2}} \tag{5.1.4}$$

$$h_0 = \left(\frac{nQ}{B\sqrt{\sin\theta}}\right)^{3/5} \tag{5.1.5}$$

ここで，α：エネルギー補正係数，B：水路幅，n：マニングの粗度係数，θ：水路傾斜角である．これらの式において対数微分をとると，水深 h と流量 Q の各精度に関する式が導かれる．

$$\frac{\Delta h}{h} = \left(\frac{3}{5} \sim \frac{2}{3}\right)\frac{\Delta Q}{Q} = (0.6 \sim 0.67)\frac{\Delta Q}{Q} \tag{5.1.6}$$

したがって，水深の精度を 1/100 とすると，流量の精度は 1/60 程度であればよいことになる．

---

7. 設　問

(1) 限界水深の定義として以下の4種類がある．

　a. 最小比エネルギーの定理（ベスの定理）

　b. 最大流量の定理（ベランジェの定理）

　c. 不等流水面形の水面勾配が無限大となる水深（ブレスの方法：$dh/dx \to \infty$）

　d. 水面の擾乱（長波）が伝わる速度と流速が同じになる水深（$Fr = 1$）

それぞれについて本実験結果を説明せよ．

(2) ダムやせきを完全越流する場合，流れは常流から射流に遷移し，これらの頂上付近で限界流が生じる．この場合の流量と水深の関係は 1:1 に対応している．三角ぜき，四角ぜき，広頂ぜき，ベンチュリフリューム，パーシャルフリュームなどは，強制的に限界流を生じさせて流量を計測しようとする装置である．ただし，限界水深 h_c を実際に測定することは難しいために，比エネルギー一定の法則から限界水深 h_c の代わりに測定容易なせき上流側の越流水深 H_0 を用いて流量検定を行っている．このことを踏まえ，使用した流量測定装置における限界水深の扱いについて説明せよ．

(3) 実験で測定された限界水深と式 (5.1.4) で算定された限界水深を比較し，測定値の妥当性を評価せよ．

(4) 実験で生じた跳水はどのような規模のものであったかを，実験での観察と**図-5.1.6** に基づいて考察せよ．

(5) 跳水は大きなエネルギー消費を伴う水理現象であるが，土木構造物における利用例と具体的な効果を整理せよ．

【参考文献】
1) 禰津家久：水理学・流体力学，朝倉書店，pp. 144-153, 1995.
2) 禰津家久，冨永晃宏：水理学，朝倉書店，pp. 211-212, 2000.

5.2 水門からの流出

1. 目　標
(1) 水門（スルースゲート）から水が流出する場合の流出形態（自由流出およびもぐり流出）を理解する．
(2) 水門の収縮係数および流量係数を測定し，水門付近の流れの力学機構について理解する．

2. 使用設備および器具
(1) 開水路	1台
(2) 水門模型（スルースゲート）	1台
(3) 下流水位調節用せき板	1個
(4) ポイントゲージ	1台
(5) マノメーター	1台
(6) 流量測定装置（三角ぜき，ベンチュリメーターなど）	1台

3. 実験要領
(1) 水路床を水平にし，先端が刃形の水門（スルースゲート）を水路に鉛直に設置し，水門の流出幅 B と開き a を測定する．
(2) 水を流して流れが安定してから流量を測定する．
(3) 水門の上流側にポイントゲージを設置し，水深 h_0 を読む．
　自由流出の場合：水門の下流側，射流部分の最小水深の箇所で h_1 を測定する．
　もぐり流出の場合：水門の下流側の常流水深 h_2 を測定する．
(4) 流量および水門の開きをそれぞれ5回変えて，同じ測定を行う．

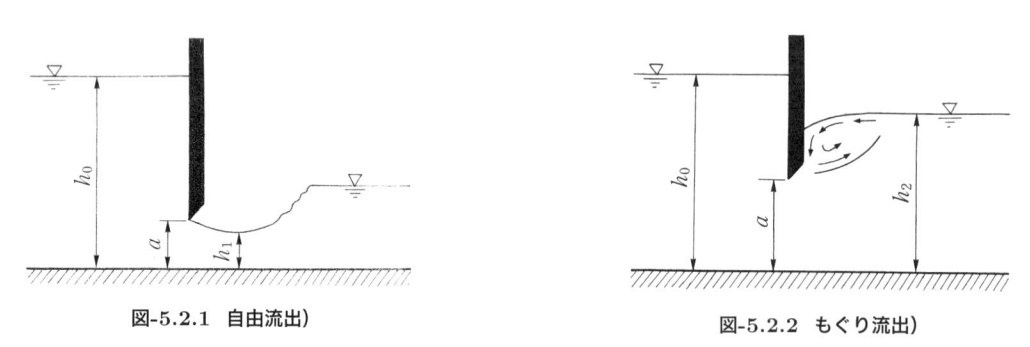

図-5.2.1　自由流出)　　　図-5.2.2　もぐり流出)

4. 注意事項
(1) 水門の開きは，ノギスかポイントゲージを用いて測定し，片開きにならないよう注意する．
(2) 自由流出の場合，下流側の最小水深 h_1 は水路の中心部で数か所測定し，その最小値をとる．

5. 結果の整理
(1) 自由流出における収縮係数 $C_c = h_1/a$ を求める．

(2) 各水門の開きに対する流量係数 C を求める．実用的には下記の式で計算される．

$$C = \frac{Q}{aB\sqrt{2gh_0}} \tag{5.2.1}$$

ここに，C：流量係数，Q：流量，a：水門の開き，B：水門の流出幅，g：重力加速度，h_0：上流水深

(3) a/h_0 を横軸に，収縮係数 C_c を縦軸にとり，グラフを描く．

(4) h_0/a を横軸に，流量係数 C を縦軸にとり，グラフを描く．

6. 関 連 知 識

(1) 式 (5.2.1) は一般的に使用されている式である．自由流出の場合，エネルギー損失を無視すれば，ゲート上・下流のエネルギーの関係式から，以下の流量公式が得られる（**図-5.2.3** 参照）．

$$Q = C_c aB \sqrt{\frac{2g(h_0 - C_c a)}{1 - (C_c a/h_0)^2}} \tag{5.2.2}$$

ここに，C_c は収縮係数である．**図-5.2.4** は，収縮係数の理論曲線と実験値を示しているが，C_c は h_0/a 以外の要素にも関係していることがわかる．

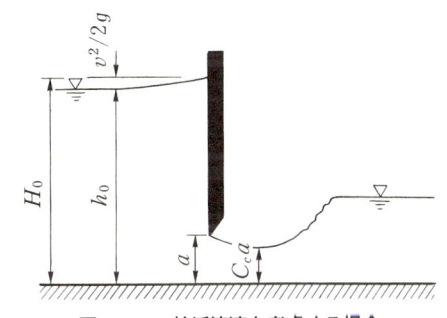

図-5.2.3 接近流速を考慮する場合

(2) ヘンリーは式 (5.2.1) を使用し，スルースゲートについて実験を行い，流量係数 C と h_0/a と h_2/a の関係を**図-5.2.5** のように表している．

(3) 水門の上流の流れのフルード数が 0.1 以下ならば，接近流速を無視しても 0.5% の誤差内にとどまる．

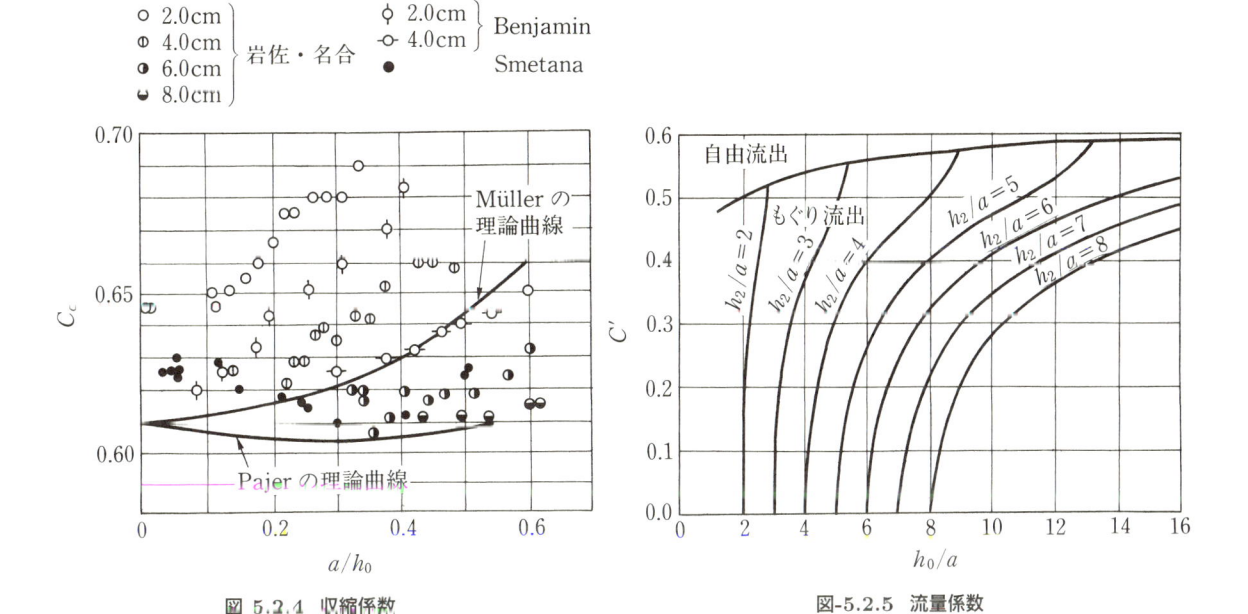

図 5.2.4 収縮係数

図-5.2.5 流量係数

7. 設 問

(1) **図-5.2.3** を参照して連続式およびベルヌーイの式から，式 (5.2.2) を誘導せよ．

(2) 水門流出時に失われるエネルギーが $f_l V^2/(2g)$ で与えられるとして，f_l を求めよ．また，流量係数 C と f_l の間にはどのような関係があるか考察せよ．ここに，V は流速 $(= Q/aB)$ である．

(3) 実験で求めた C_c と**図-5.2.4** を比較せよ．

(4) 実験で求めた C と h_0/a の関係を**図-5.2.5** にプロットし，比較・考察せよ．

【参考文献】

1) 土木学会編：水理公式集平成 11 年版，p. 254，土木学会，1998.
2) Henry, H. R. : Discussion of "Diffusion of Submerged jets", Transaction of ASCE, Vol. 115, p. 691, 1950.

5.3 開水路流速分布の測定

1. 目　　標

(1) 開水路における流速を測定し，鉛直流速分布図と等流速線図を描き，流速分布の特性を知る．

(2) 測定した流速から各断面の平均流速を算出し，流量を求める．

(3) 以上の結果を開水路の流速分布の理論式と比較し，流速分布の諸状態について理解する．

2. 使用設備および器具

(1) 開水路実験水路（長方形断面直線水路）	1式
(2) 流量測定装置（三角ぜき，ベンチュリーメーター，電磁流量計など）	1台
(3) ピトー管	1台
(4) マノメーター	1台
(5) ポイントゲージ	1台
(6) 巻き尺	1個
(7) 温度計	1本

3. 実施要領

(1) 水路床勾配を測定する．

(2) 水路の流下方向に適当な間隔（水路幅程度）で数か所の水深測定断面を決める．

(3) 水路に所定の流量を通水し，等流状態で流れていることを確かめるため，上記の測定断面における水路中央の水深をポイントゲージで測定する．等流状態でない場合は，水路下流端のせきを操作して等流状態となるように水面形を調整する．

(4) ピトー管をマノメーターに接続し（**図-5.3.1**），ピトー管の装置をゲージ支持台に載せ，(2) で設定した箇所の中央付近に設置する．

(5) 流量測定装置で流量を測定する．

(6) (2) で設定した箇所から流速測定断面を選び，水路半断面に対して**図-5.3.2**のように測定箇所を決める．そして，水路底からの距離 z，側壁からの距離 y およびマノメーターの読みとその差 s を記録する．

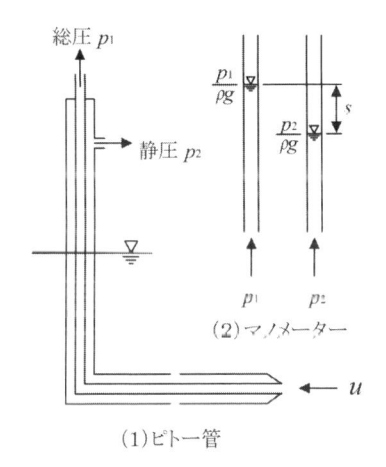

図-5.3.1　ピトー管とマノメーター

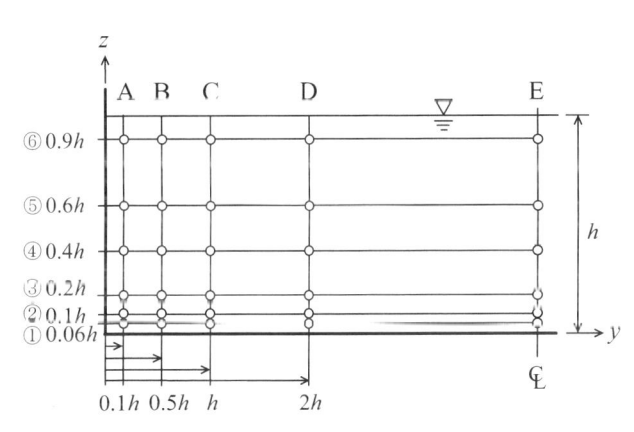

図-5.3.2　流速測定箇所の例

(7) 水温を測定する．

---

4. 注意事項

(1) マノメーターの気泡水準器によって，マノメーターの搭載台が水平であることを確認する．
(2) ピトー管とマノメーターを結ぶチューブに気泡が含まれていないことを確認する．
(3) ピトー管による流速の測定では，マノメーターの水位が安定するまで数分程度かかるので，測定まで十分な時間をおく．
(4) ピトー管を流れの方向に正しく向けて流速を測定する．
(5) 流速測定点の数を増やす場合は，水路および側壁に近いところを密にするのがよい．特に，流速分布の性質上，長方形断面水路においては隅角部での測定に留意する．さらに，測定点は断面中心軸に対して左右対称にとるのがよい．
(6) マノメーターの取扱い，その他については **1.1**「マノメーターによる圧力差の測定」の項を参照する．

---

5. 結果の整理

(1) 各測定点における流速 u を次式により計算する．

$$u = C\sqrt{2gs} \tag{5.3.1}$$

ここに，C：ピトー管係数（不明の場合は $C=1$ とする），s：マノメーターの読みの差．なお，傾斜マノメーターを用いた場合は，θ をマノメーターの傾斜角として，式 (5.3.1) の s の代わりに $s\sin\theta$ を用いる．

(2) 横軸に流速 u，縦軸に水路底からの距離 z をとり，各区分における流速をプロットして，**図-5.3.3** のような鉛直流速分布図を描く．

(3) 断面内における流速測定点をプロットするとともに，**図-5.3.4** のような等流速線図を描く．

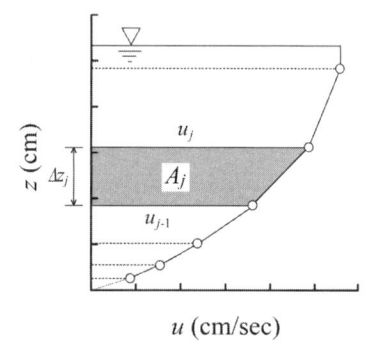

図-5.3.3 鉛直流速分布図の例

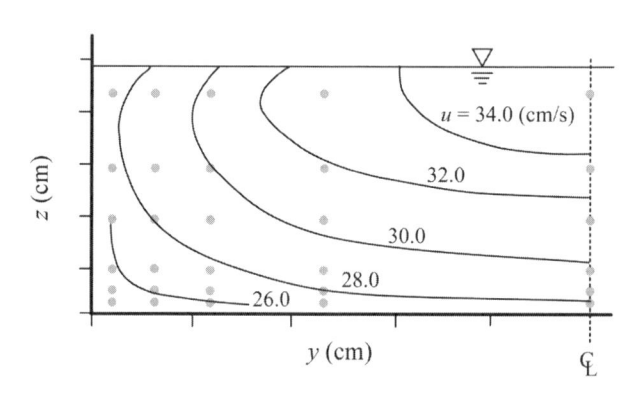

図-5.3.4 等流速線図の例

(4) (2) で作成された流速分布図をもとに，一鉛直線における平均流速 v_i および断面平均流速 v を求める．ただし，$z=0$ で $u=0$ とする．

$$v_i = \frac{1}{h}\sum_{j=1}^{m} A_j = \frac{1}{h}\sum_{j=1}^{m}\left\{\frac{1}{2}(u_{j-1}+u_j)\Delta z_j\right\} \tag{5.3.2}$$

$$v = \frac{1}{b}\sum_{i=1}^{n} v_i b_i \tag{5.3.3}$$

ここに，h：流速測定断面における水路中央の水深（**図-5.3.2**），A_j：一鉛直線における流速四角形（最下層は三角形，最上層は四角形）（**図-5.3.3** のハッチング部分）の面積，Δz_j：一鉛直線における測定点の間隔，b：水路半幅，b_i：水路横断面における各鉛直測線の区分幅（$\sum b_i = b$），m：一鉛直線の区分数，n：水路横断面の鉛直測線数．

(5) 次式により流量 Q を求め，流量測定装置による値と比較する．

$$Q = vA = vBh \tag{5.3.4}$$

ここに，A：流水断面積，B：水路幅

---

6. 関連知識

(1) 流速分布式

水路幅が広く流れが 2 次元的とみなせる場合の流速分布は次の対数分布式で表される．

(a) 滑面（$u_* k_s / \nu < 5$）の場合

$$\frac{u}{u_*} = \begin{cases} \dfrac{u_* z}{\nu} & : \dfrac{u_* z}{\nu} < 5 \text{ (粘性底層域)} \\ 5.5 + 5.75 \log_{10} \dfrac{u_* z}{\nu} & : \dfrac{u_* z}{\nu} > 70 \text{ (乱流域)} \end{cases} \tag{5.3.5 a}$$

(b) 粗面（$u_* k_s / \nu > 70$）の場合

$$\frac{u}{u_*} = 8.5 + 5.75 \log_{10} \frac{z}{k_s} \tag{5.3.5b}$$

ここに，u：水路底からの距離 z の位置における流速，u_*：摩擦速度（$= \sqrt{\tau_0/\rho} = \sqrt{gRI}$，$\tau_0$：水路面におけるせん断力，$\rho$：水の密度，$g$：重力加速度），$\nu$：水の動粘性係数，$k_s$：相当粗度．

また，経験公式として次のべき乗公式が知られている．

$$u = u_0 \left(\frac{z}{h}\right)^{1/n} \tag{5.3.6}$$

ここに，u：水路底からの距離 z の位置における流速，u_0：水路底より水深 h での流速，n：係数（レイノルズ数ならびに水路の粗度により定まり，一般には 7 程度の値をとる）．

(2) 最大流速発生位置の推定

水路幅に対して水深が大きい水路では，側壁の影響によって最大流速位置が水面よりも下にある．断面内において最大流速の発生位置 η/h と水路の断面比 B/h との関係は，**図-5.3.5** のようになる．すなわち，$B/h > 10$ であれば最大流速の発生位置は水面であるが，水路幅が小さくなれば

$$\frac{\eta}{h} = 0.20 \sim 0.25 \tag{5.3.7}$$

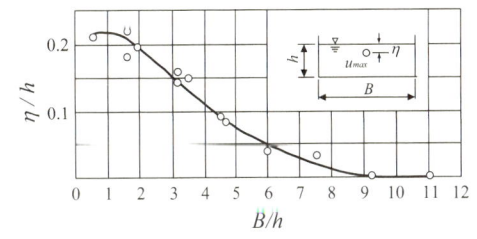

図-5.3.5 最大流速の発生位置

くらいまで下がる．

(3) 流速測線上の平均流速

流速測定によって河川の流量を求める場合，実際の河川では水位や流量が時々刻々変動するので，できるだけ短時間に観測を終えなければならない．そのような場合に以下の方法がある．

①一点法　　　$v_m = u_{0.6}$ (5.3.8 a)

②二点法　　　$v_m = \dfrac{1}{2}(u_{0.2} + u_{0.8})$ (5.3.8 b)

③三点法　　　$v_m = \dfrac{1}{4}(u_{0.2} + 2u_{0.6} + u_{0.8})$ (5.3.8 c)

ここに，v_m：流速測線上の平均流速，$u_{0.2}$, $u_{0.6}$, $u_{0.8}$：それぞれの水面が2割，6割，8割の深さの点の流速（**図-5.3.6**）．

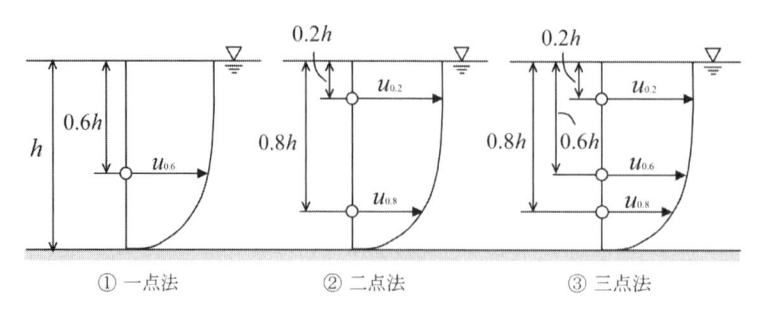

図-5.3.6　平均流速の測定法の例

(4) 流速測定装置と信号変換

流速測定装置にはピトー管の他にもプロペラ式，電磁式，超音波式など様々な種類があり，用途に応じて使い分けられている．ピトー管やプロペラ式流速計は測定点の平均的な流速を測定するものであるが，超小型のプロペラ式流速計では流速変動を測定することも可能である．また，電磁式や超音波式の流速計では2方向や3方向の流速成分の測定を行うことができる．

さて，これらの流速計には測定値を電圧（±5 V，±10 V など）や電流（4–20 mA など）のアナログ信号として出力できるものがある．これらの出力信号はデータレコーダ等によって任意に設定されたサンプリング条件（周波数，計測時間など）の下でA/D変換され，デジタルデータとして保存できる．16 bit でA/D変換した場合は $2^{16} = 65\,536$ の分解能でデジタル化される．たとえば，±5 V の入力信号は16 bit のデジタルデータでは $-32\,768 \sim +32\,767$ に対応する．したがって，デジタルデータ（D）と電圧（V）の関係は，正の範囲を対象にすると，

$$D = \dfrac{32\,767}{5} \times V \qquad (V \geqq 0) \tag{5.3.9}$$

と表される．一方，たとえば，流速計の測定範囲が $0 \sim 100\,\mathrm{cm/s}$ で $0 \sim 5\,\mathrm{V}$ の電圧出力の場合，流速（u）と電圧の関係は

$$u = \dfrac{100}{5} \times V \tag{5.3.10}$$

となる．式 (5.3.14)，式 (5.3.15) より，流速とデジタルデータの関係は次式で表される．

$$u = \dfrac{100}{32\,767} \times D \tag{5.3.11}$$

図-5.3.7 は直径3 mm のプロペラ流速計による測定結果の例であり，$\overline{u}$ は平均流速，σ_u は標準偏差を示す．また，**図-5.3.8** は測定流速値から平均流速を差し引いた流速変動成分のヒストグラム（頻度分布図）の例で，図中の曲線は正規分布である．なお，C_s, C_k は分布のひずみ度ととがり度であり，それぞれ次式で求められる．

$$C_s = \dfrac{E\left\{(u - \overline{u})^3\right\}}{\sigma_u{}^3}, \qquad C_k = \dfrac{E\left\{(u - \overline{u})^4\right\}}{\sigma_u{}^4} \tag{5.3.12 a, b}$$

ここに，$E\{X\}$ は X の平均を意味する．正規分布の場合は $C_s = 0$, $C_k = 3$ となる．

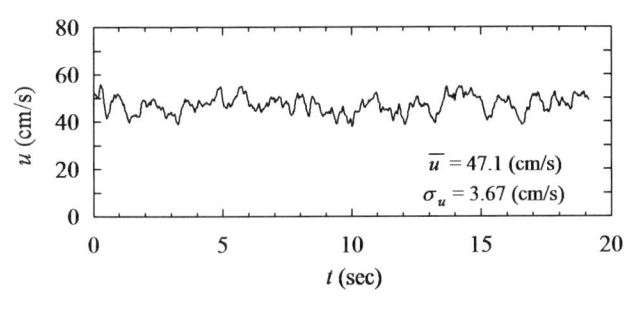

図-5.3.7 流速変動時系列の例

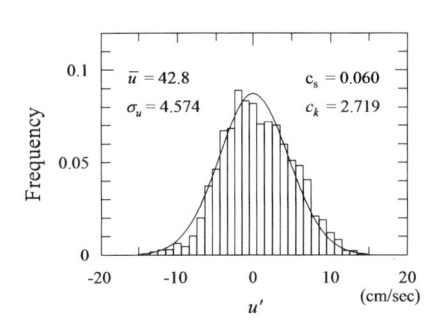

図-5.3.8 流速変動成分のヒストグラムの例

7. 設　問

(1) 各区分および断面内において平均流速，最大流速の生ずる位置を確認せよ．

(2) 式 (5.3.4) で求めた流量を，流量測定装置で得られた流量と比較せよ．

(3) 水路中央の鉛直測線での流速測定結果をもとに，$\log_{10} z$ と u の関係を片対数紙上にプロットし，この図の傾きから摩擦速度 u_* を求めよ（**図-5.3.9** 参照）．なお，図中，横幅は対数目盛上での1であることに注意すること．これに対する縦幅の読みが $5.75 u_*$ に等しい．

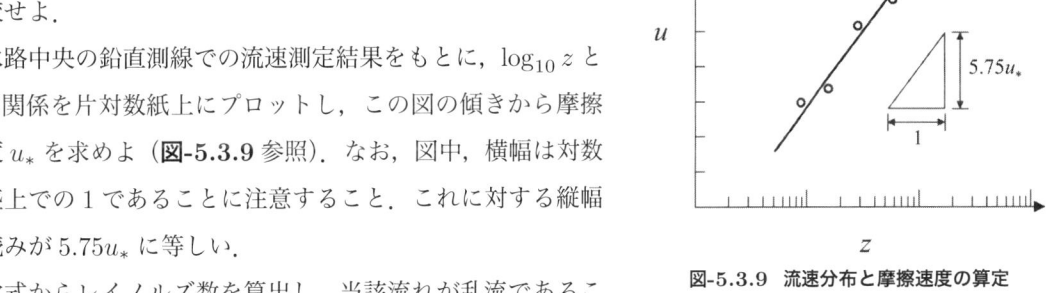

(4) 次式からレイノルズ数を算出し，当該流れが乱流であることを確認せよ．なお，開水路での限界レイノルズ数は $R_{ec} = 500$ 程度である．

$$R_e = \frac{v \cdot h}{\nu} \tag{5.3.13}$$

ここに，ν：水の動粘性係数

図-5.3.9 流速分布と摩擦速度の算定

(5) マニングの平均流速公式から粗度係数 n を逆算し，教科書またはその他の書籍を参照して当該実験の河床粗度に関して考察せよ．

(6) 流速分布と平均流速公式との関連について考えよ．

(7) 開水路断面内の流速分布を決定する要素は何か．

【参考文献】
1) (社)土木学会編：水理公式集－昭和60年版－，(社)土木学会，第1編・第3編，1985．
2) 禰津家久：水理学・流体力学，朝倉書店，pp. 122-125, 1995．

5.4 開水路の等流・不等流

1. 目標

(1) 開水路における等流水深を測定し，等流公式からシェジー係数およびマニングの粗度係数を求める．

(2) 水路勾配を変えることで等流水深がどう変化するかを調べ，限界勾配を求める．

(3) 緩勾配および急勾配水路において，せきや水門を設置して種々の不等流水面形を測定し，それらの特性を理解する．

2. 使用設備および器具

(1) 可変勾配開水路	1台
(2) 流量測定装置（直角三角ぜき，電磁流量計，量水器など）	1式
(3) 水深測定装置（ポイントゲージ，超音波水位計など）	1台
(4) 下流端水位調節板（せき板）	1個
(5) スルースゲート	1台
(6) スケール（1m程度）	1本
(7) 温度計	1本

3. 実験要領

(A) 準備

(1) 水路を水平にし，水路底面に**図-5.4.1**のような格子状の線を引く．この格子点を水深の計測点とする．

(2) 水路幅を数か所で測定して平均値を求める．

(3) 水路に静水をはって漏水がないことを確かめる．水深を測定しながら水路のたわみ，凹凸，ねじれなどがないかを確認する．

(B) 等流の測定

(1) 水路勾配 i を $1/1000$ 程度に設定する．

(2) 下流端のせき高 D を 0（水路底面の高さ）とする．

(3) 水路に通水し，流れが安定し定常状態になってから流量 Q を測定する．

(4) 各格子点上の水深を測定し，水路横断方向の平均値を求め，水面形（水深の縦断分布）を図示する．水深が下流方向に小さくなるようであれば，せき高 D を大きくして水路のほぼ全域で水深を等しくする．このときの水深の平均値を等流水深 h_0 とする．

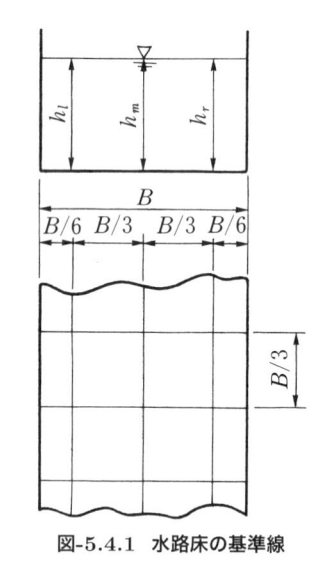

図-5.4.1 水路床の基準線

(5) 等流公式を用いて，シェジー係数およびマニングの粗度係数を求める（**5. (A)**）．

(6) 等流状態における長波の波速 $c_0 = \sqrt{gh_0}$，断面平均流速 $V_0 = Q/(Bh_0)$，フルード数 $Fr_0 = V_0/c_0$ をそれぞれ計算して，常流・射流を区別する．また，細い棒状のものを用いて水面に擾乱を与え，波紋がどの方向に伝搬するかを観察して流れの状態を確認する．

(7) 限界水深 h_c を次式で計算して，等流水深 h_0 と大小関係を比較する．

$$h_c = \sqrt[3]{\frac{Q^2}{gB^2}} \tag{5.4.1}$$

(8) 等流状態の流れが射流となるまで，水路勾配を徐々に大きくして (2)～(7) の手順を繰り返し，各水路勾配に対して等流水深を求める．このとき，水路勾配は 5～6 段階程度変化させるのが望ましい．

(9) 水路勾配と等流水深および限界水深との関係を図示し，図から等流水深と限界水深が等しくなるときの水路勾配（限界勾配）i_c を求める．

(C) 不等流の測定

(1) 流量 Q に対して，$i \ll i_c$ となるように，水路勾配 i を設定する（緩勾配水路）．Q は **(B)** と同じ流量とする．

(2) **(B)** で求めたシェジー係数またはマニングの粗度係数を用いて等流水深 h_0 を計算する．

(3) 下流端のせき高 $D = 0$ とする．

(4) **(B)**(4) と同様に各格子点上の水深を測定し，水深の縦断分布を図示する．このとき，等流水深 h_0 や限界水深 h_c と重ね合わせ，不等流の各水深と h_0 および h_c との大小関係や水面勾配の正負を確認する．

(5) 下流端のせき高 D を大きくし，(4) の手順を繰り返す．このとき，下流端の水深が h_0 よりも大きくなるように D を調節する．

(6) 水路の中央部にスルースゲートを設置し，ゲートの開きが限界水深 h_c よりも小さくなるように設定する．ゲートの上・下流の水面形を測定し，(4) の手順を繰り返す．

(7) 流量 Q に対して，$i \gg i_c$ となるように，水路勾配 i を設定し（急勾配水路），(2)～(6) の手順を繰り返す．ただし，(5) の下流端水深が h_c よりも大きくなるように D を調節する．

4. 注意事項

(1) 水面が動揺して水深が測定しにくい場合には，各点で最大値と最小値を求め，それらの平均値を採用する．

(2) 流れが射流の場合には，水面が動揺したり，衝撃波が生じたりするので，水深の測定には十分注意を要する．

(3) シェジー係数およびマニングの粗度係数を求める場合，いずれも m-s 単位を用いて計算すること．

5. 結果の整理

(A) 等流

(1) **図-5.4.2** のような，水路勾配 $i = \tan\theta$（θ：水路の傾斜角度）の水路における区間長 L の流体要素に作用する力について考える．θ が十分小さいとすると，重力による流下方向の力は，単位長さ当たり $F = \rho g A \sin\theta \fallingdotseq \rho g A i$ となる．ここで，ρ：水の密度，g：重力加速度，i：水路床勾配，A：流水断面積（幅 B の長方形断面であれば，$A = Bh$）である．

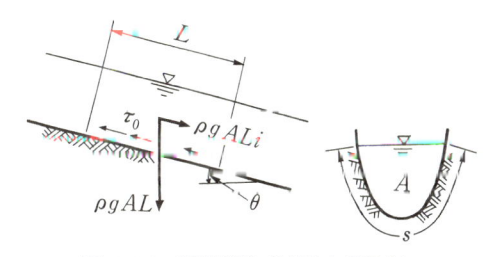

図-5.4.2 等流状態における力の釣合い

(2) 等流状態では流水断面積が一定なので，断面内の圧力や運動量フラックスは等しく差し引きゼロとなる．この結果，この単位長さ当たりの力 F と壁面摩擦力（抵抗力：$\tau_0 s$）は釣り合っているので，$F = \tau_0 s$ となり，単位面積当たりの平均摩擦力は $\tau_0 = \rho g i A / s = \rho g R i$ となる．ここで，s は潤辺，$R\,(=A/s)$ は径深である．この関係を理解して τ_0 を計算する．

(3) 一般に，壁面摩擦応力 τ_0 は運動エネルギーに比例すると仮定し，管路と同様に断面平均流速 V を用いて，$\tau_0 = \rho f V^2 / 2$（f は摩擦係数）と表せば，シェジーの平均流速公式の関係式が得られる．

$$V = \sqrt{\frac{\tau_0}{\rho}\frac{2}{f}} = \sqrt{\frac{2g}{f}Ri} = C\sqrt{Ri} \tag{5.4.2}$$

ここで，$C = \sqrt{2g/f}$ はシェジー係数，f は摩擦係数である．

同様に，$n^{-1} = R^{-1/6}\sqrt{2g/f}$ とおけば，以下のようなマニングの平均流速公式が得られる．

$$V = \sqrt{\frac{\tau_0}{\rho}\frac{2}{f}} = \sqrt{\frac{2g}{f}Ri} = \frac{1}{n}R^{2/3}i^{1/2} \tag{5.4.3}$$

ここで，n：マニングの粗度係数であり，$n = R^{1/6}/C$ の関係式が成り立つ．

これらの関係式を用いて，シェジー係数：C（単位：$\mathrm{m^{1/2}/s}$），マニングの粗度係数：n（単位：$\mathrm{m^{-1/3}s}$）を求め，通常の値（n については**表-5.4.2**）と比較する．なお，わが国では実用的にシェジー式よりもマニングの式が広く用いられている．横軸に実測の等流水深を，縦軸に式 (5.4.2) および (5.4.3) から求められる C および n の値をとって図示し，それらの関係について考察する．

(4) 水路幅が水深に比べて大きい場合（広幅長方形断面），$R = h$ とおけるから，式 (5.4.2) および (5.4.3) より，等流水深は次式となる．

$$h_0 = \left(\frac{Q}{BCi^{1/2}}\right)^{2/3} = \left(\frac{nQ}{Bi^{1/2}}\right)^{3/5} \tag{5.4.4}$$

上式と式 (5.4.1) を等しいとおけば，限界勾配 i_c は，

$$i_c = \frac{g}{C^2} = \frac{gn^2}{h_c^{1/3}} \tag{5.4.5}$$

で求められるので，**3. (A)** (9) で求めた i_c の値と式 (5.4.5) から得られる値を比較する．

(B) 不等流

(1) 実験で得られた水面形の図にエネルギー線を記入して，エネルギー損失の様子を調べる．また，この図に等流水深 h_0 と限界水深 h_c をそれぞれ破線と1点鎖線で記入して，どのようなことが判断されるかを検討する．

(2) 広幅長方形断面水路において等流公式にマニング式を用いると，不等流水面形の方程式は以下のように表される．

$$\frac{dh}{dx} = i\frac{1 - \left(\dfrac{h_0}{h}\right)^{10/3}}{1 - \left(\dfrac{h_c}{h}\right)^{3}} \tag{5.4.6}$$

上式を $x = x_0$ の地点において，後退差分および前進差分をとると，

$$h[x_0 - \Delta x] = h[x_0] - i \frac{1 - \left(\frac{h_0}{h[x_0]}\right)^{10/3}}{1 - \left(\frac{h_c}{h[x_0]}\right)^3} \Delta x \tag{5.4.7}$$

$$h[x_0 + \Delta x] = h[x_0] + i \frac{1 - \left(\frac{h_0}{h[x_0]}\right)^{10/3}}{1 - \left(\frac{h_c}{h[x_0]}\right)^3} \Delta x \tag{5.4.8}$$

となる．ここで，$h[x_0]$, $h[x_0 + \Delta x]$, $h[x_0 - \Delta x]$ は，それぞれ $x = x_0, x_0 + \Delta x, x_0 - \Delta x$ での水深，Δx は差分間隔である．例えば，スルースゲートの上・下流および水路下流端に x_0 点をとり，そこでの水深の実測値 $h[x_0]$ を境界条件とする．流れが常流の場合には式 (5.4.7) を用いて上流方向（x の負の方向）の水深 $h[x_0 - \Delta x]$，射流の場合には式 (5.4.8) を用いて下流方向（x の正の方向）の水深 $h[x_0 + \Delta x]$ を計算し，実測値と比較する．差分間隔 Δx を小さくとると計算精度は向上するが，同じ式を用いた繰り返し計算になるので，EXCEL 等の表計算ソフトを用いれば，容易に計算できる．**図-5.4.3** に，緩勾配水路の場合の実測および計算例を示す．

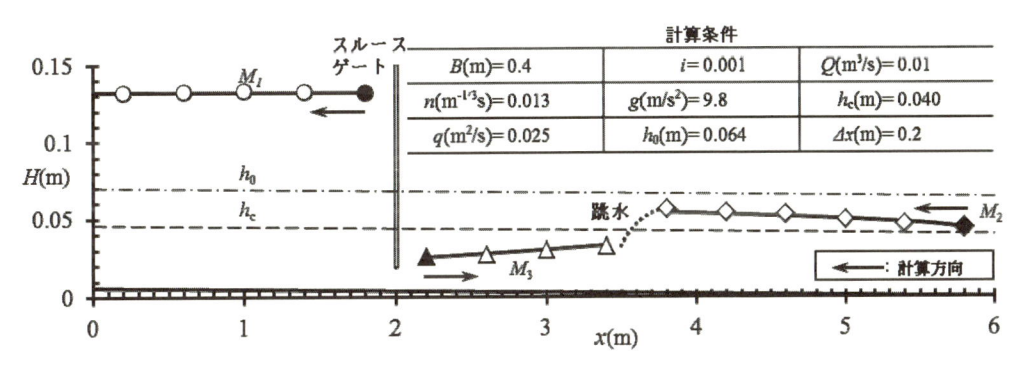

図-5.4.3 緩勾配水路における不等流水面形の実測および計算例

ここで，B は水路幅，i は河床勾配，Q は流量，q は単位幅流量，n はマニングの粗度係数，g は重力の加速度，h_c は限界水深，h_0 は等流水深および Δx は差分間隔である．図中のプロットは実測水位（黒抜きの印は境界条件として計算に用いた実測値），実線は計算水位を示す．なお，水面形の計算については，**付録 F** で詳しく述べているので参照のこと．

6. 関連知識

(1) マニングの粗度係数の一般的な値を示せば，**表-5.4.2** のようである．

(2) **表-5.4.3** は，特殊な場合を含めたすべての水面形の分類を示したものである．緩勾配，限界勾配，急勾配，水平勾配，逆勾配の 5 種類の水路状態において，合計 13 種類の水面形が現れることになる．河川のほとんどは緩勾配水路であるが，ダムやせきなどの水理構造物が河川に設置される場合や山岳河川では急勾配水路が形成されることがある．

7. 設問

(1) 等流状態において，流れの表面流速を表面に浮かべたフロートの速さから求め，断面平均流速の値と比較・検討せよ．

表-5.4.2 マニングの粗度係数 n（水理公式集参照）[2]

材料および潤辺の性質	n (m$^{-1/3}$s) の範囲	材料および潤辺の性質	n (m$^{-1/3}$s) の範囲
真鍮	0.009〜0.013	粗石空積み水路	0.025〜0.035
溶接鋼管	0.010〜0.014	土羽開削水路	0.017〜0.030
リベット鋼管	0.013〜0.017	岩盤開削水路	0.025〜0.045
鋳鉄（塗装有）	0.010〜0.014	滑らかな木材	0.010〜0.014
鋳鉄（塗装無）	0.011〜0.016	素焼き土管	0.011〜0.017
コルゲート鋼管	0.021〜0.031	レンガ積み，モルタル仕上げ	0.012〜0.017
合成樹脂	0.008〜0.010	自然河川	0.025〜0.055

表-5.4.3 水面形の分類

水路の分類	定義	名称	水深関係	dh/dx	水面形状
緩勾配水路 (Mild slope)	$i < i_c$	M_1	$h > h_0 > h_c$ 常流	$dh/dx > 0$	
		M_2	$h_0 > h > h_c$ 常流	$dh/dx < 0$	
		M_3	$h_0 > h_c > h$ 射流	$dh/dx > 0$	
限界勾配水路 (Critical slope)	$i = i_c$	C_1	$h > h_0 = h_c$ 常流	$dh/dx = i$	
		C_2	$h_0 = h_c = h$ 限界流	$dh/dx = 0$	
		C_3	$h_0 = h_c > h$ 射流	$dh/dx = i$	
急勾配水路 (Steep slope)	$i > i_c$	S_1	$h > h_c > h_0$ 常流	$dh/dx > 0$	
		S_2	$h_c > h > h_0$ 射流	$dh/dx < 0$	
		S_3	$h_c > h_0 > h$ 射流	$dh/dx > 0$	
水平床水路 (Horizontal slope)	$i = 0$	H_2	$h > h_c$ 常流	$dh/dx < 0$	
		H_3	$h_c > h$ 射流	$dh/dx > 0$	
逆勾配水路 (Adverse slope)	$i < 0$	A_2	$h > h_c$ 常流	$dh/dx < 0$	
		A_3	$h_c > h$ 射流	$dh/dx > 0$	

(2) 等流および不等流の場合について，流れの様子を細かく観察して気づいたことを整理せよ．

(3) 限界勾配 $(i = i_c)$，水平床 $(i = 0)$ および逆勾配 $(i < 0)$ の場合について，同様に **3. (C)** (1)〜(6) の要領で不等流水面形を測定し，各水面形の特徴について考察せよ．

【参考文献】

1) 禰津家久：水理学・流体力学，朝倉書店, pp. 154-164, 1995.
2) 土木学会 編：水理公式集 平成 11 年度版, p. 89, 土木学会, 1998.

第6章

●波の水理●

6.1 水面波の性質

1. 目　標

(1) 水表面に生じる規則波の水位変動および水粒子の運動軌跡を計測し，水面波の波速，波長，周期および水深の関係を調べ，波の基本的特性を習熟する．

(2) 波の反射，回折，屈折を調べ，地形条件とその性質について考察する．

2. 使用設備および器具

(1) 造波水路（あるいはできるだけ長くて深い開水路）	1式
(2) ポイントゲージ	1本
(3) ストップウォッチ	1個
(4) 鋼巻尺	1本
(5) スケール	1本
(6) 波高計	2台
(7) 記録装置	1式
(8) 2次元平面水槽（リップルタンク）	1台
(9) フラッドランプ	1個

3. 実験要領

水面波を発生させるためには造波装置と水槽が必要になる．通常，波の基本的な特性を直線水路で造波させて実験する2次元造波水路と，現地の地形形状を考慮した3次元造波水路（平面水槽）に大別される（**図-6.1.1**参照）．また，造波装置は，規則波から不規則波，一方向から多方向，津波を想定した孤立波などを発生することが可能である．以下では，通常の2次元造波水路（鉛直2次元）と波の回折などの波の基本的な特性を考慮できる超小型のリップルタンク（水平2次元）について説明する．

図-6.1.1 2次元造波水路，平面水槽およびリップルタンク（超小型）（写真提供：(株)不動テトラおよび(株)丸東製作所）

(A) 鉛直2次元（x–z 断面）

(1) **図-6.1.2**は鉛直2次元の造波水路を用いた実験の概要，**図-6.1.3**は造波した波の諸元（波高 H と波長 L）と静水深 h の概略図を示したものである．まず，造波する前の水路の静水深 h をポイントゲージなどで測定する．

(2) 水路に2本の波高計（センサ部）を設置し，その間隔 l を測定する．

(3) 造波する波高 H に合わせて，静水面から波高計を上下させ，その電気信号を記録装置で収集する．

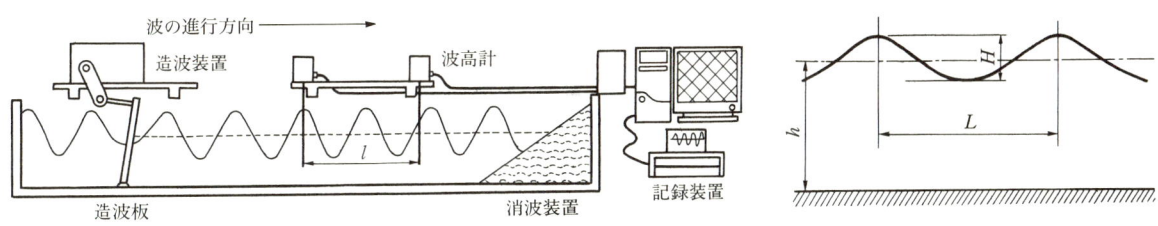

図-6.1.2　2次元造波水路を用いた実験の概要

図-6.1.3　波の諸元

(4) これらのデータから，波高計の変位量と出力値の関係を事前に把握し，較正曲線を作成する．

(5) 造波装置から規則波（周期 T：0.5～2 s 程度）を発生させる．

(6) 2本の波高計の出力波形から位相差（ピーク間隔）を読み取り，波が間隔 l を進むのに要した時間 t を求める．これらの値から実測の波速 $c = l/t$ を算定する．

(7) 出力波形から，実測の波高 H および周期 T を求める．

(8) 造波する波の周期 T を数種類変化させて，上記 (A) の (5)～(7) を繰り返す．

(9) ある周期 T の波について，水中で中立するように比重調整された微粒子を静水面下の位置（座標：x，z）に浮かべて，半周期間に動く移動距離（水平距離：a，垂直距離：b）を測定する．その際，粒子の軌跡を観察して，トレーシングペーパーなどを水路側面に貼り概略をスケッチする．

(10) 消波装置の前面に直立壁を固定し，重複波を生じさせる．この場合，造波板から直立壁までの水平距離 D をあらかじめ測定しておく．

(11) 上記 (A) の (5)～(7) を繰り返して，重複波が生じる波長 L を見出す．

(B) 水平2次元（x–y 平面）

(1) **図-6.1.1** の右側に示すような水槽（リップルタンク）を用意する．

(2) 水槽に水深1～2 cm 程度の水を張る．

(3) 波の変形過程が観察しやすいように，水槽上方から写真照明用のフラッドランプなどで照らす．

(4) 水槽内に防波堤あるいは港湾を模した仕切り板などを設置する．

(5) 造波装置あるいは水槽の一端から全幅に仕切った板を岸沖方向に振動させて波を発生する．

(6) 波が水槽内を進行する状況を観察し，概略をスケッチや写真撮影する．

(7) 防波堤や港湾の開口幅や形状などを変化させた場合，上記 (B) の (5)(6) を繰り返す．

(8) 水槽片側の高さを調整して傾け水深を変化させる．このときの波の変形が一様水深の場合と比較して屈折，回折などがどのように変化しているかを観察する．

4. 注意事項

(1) 進行波の場合，水路一端に設置した消波装置を機能させないと反射波が生じ，滑らかな規則波が生成できないので注意を要する．

(2) 波高計の変位量と出力値の関係を把握し，較正曲線を作成するには時間がかかる場合があるので，あらかじめ調整しておくことが望ましい．

(3) 水中に浮遊させる微粒子として，比重を調整しにくい場合には，毛糸くずを水中で丸めるし直径2～5 mm 程度の粒子を簡便に作ることができる．

(4) 造波水路や造波装置がない場合には，できるだけ長い開水路（水平床）を用い，水路幅程度の箱を水中で上下振動させることにより水面波を発生することができる．この場合，一定周期の波を長時間作り

出すことは困難であるが，最初の数波程度は比較的規則正しく造波できる場合が多い．

(5) 波高計がない条件下で周期 T を測定する場合には，水路内に計測断面を設定して，連続する 2 つの波の峰などが通過するのに要する時間をストップウォッチで計測する．また，波高計がないときに波高 H を測定するには，水路側面がガラス板の場合，通過する波の峰と谷をトレースし，その高さをスケールで計測する．または，水面にベビーパウダーなどを浮かべておき，1 つの波が通過した後に側壁に取り残された粉末の跡をスケールで測るなどが考えられる．

(6) 重複波を発生する場合，造波板の移動振幅を大きくして波高の大きな進行波を造波すると，砕波したりして波形の滑らかな重複波が生じない場合があるので注意を要する．

5. 結果の整理

(1) 上記 (A) の (2) で測定した距離 l と上記 (A) の (6) で求めた時間 t を用いて，実測の波速 $c = l/t$ を求める．

(2) 波長 L と波速 c，周期 T の関係式 $L = cT$ を用いて，実測の周期 T および上記 (1) の実測の波速 c を代入して実測の波長 $L_{\text{exp.}}$ を求める．

(3) 実測の水深 h，周期 T を代入して，理論の波長 $L_{\text{the.}}$ を求めた後に，$c = L/T$ の関係式により波速 c を求める．なお，理論の波長 $L_{\text{the.}}$ の計算は，以下の (4) の手順にしたがう．

(4) 波長 $L_{\text{the.}}$ の計算（収束計算）

a) 関連知識の式 (6.1.2) を用いて，周期 T および水深 h に実測値を，波長 L の初期値 (L_1) として波高計の設置間隔 l を代入し波長 L_2 を求める．ここで，右辺の波長を L_1，左辺の波長を L_2 である．

b) 収束判定基準を $\varepsilon = 10^{-4}$ (0.01%) 程度として，$|(L_2 - L_1)/L_2| < \varepsilon$ を満たさない場合は，L_2 を修正して L_1 に代入して上記 a) の計算，b) の判定を行う．

c) b) の判定基準を満たした場合，a) の計算結果 L_2 を理論の波長 $L_{\text{the.}}$ とする．

d) $c = L/T$ の関係式により，上記 c) で求めた波長 $L_{\text{the.}}$ と実測の周期 T を代入して波速 c を求める．

(5) 水中に浮遊させた微粒子の静止水面下の平均位置（座標：x, z）に対して，微粒子の楕円軌跡の長径：a と短径：b をプロットする．

6. 関 連 知 識

(1) 波の分類

図-6.1.4 は，海面運動を生じさせる主要な作用外力と周波数に関するエネルギー分布を示したものである．海岸では，表面張力波よりも周期の長い重力波が支配的であり，風波のエネルギーが卓越している．

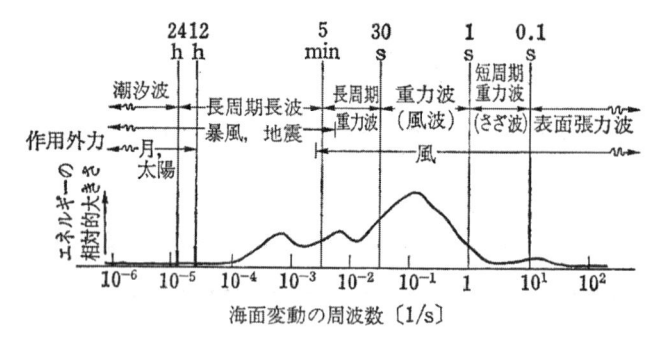

図-6.1.4 海面変動の周波数スペクトルによる分類 [1]

波動の長さの基本量は，波高 H，波長 L，水深 h であるので，2 個の独立な無次元量がつくられ，次の 3 つの指標が波の分類や特性を示すために用いられている．

1) 波形勾配 (H/L)

　　水面波形の尖り度を示す指標であり，波高 H が波長 L に比べて十分に小さい波は，微小振幅波（Airy 波）と呼ばれている．後述する微小振幅波理論は，$H/L \ll 1$ であることを前提として導かれている．逆に，H/L が大きい波は，有限振幅波と呼ばれている．

2) 相対水深 (h/L)

　　水面波にとって水深が深いか浅いかを示す指標である．波が海底面の存在を感じない，すなわち海底面上にある水粒子がほとんど動かない水深での波を深海波，それ以外を，波長 L と水深 h の大小により実用上は次の 3 つに分類されている．

　　　　(a) $h/L > 1/2$ .... 深海波
　　　　(b) $1/25 < h/L < 1/2$ .... 浅海波
　　　　(c) $h/L < 1/25$ .... 極浅海波，長波

　　津波などの長波では，水粒子は水面から海底面までほぼ一様な水平運動をするために，海底地形の影響を著しく受ける．

3) 相対波高 (H/h)

　　波高 H の大きさを水深 h との比較によって示す指標で，微小振幅波は $H/h \ll 1$ である．

　　微小振幅波理論は，波形勾配：$H/L \ll 1$，相対波高：$H/h \ll 1$ であることを仮定して誘導された理論であり，波速 c，波長 L，周期 T，水深 h の間には，次式の関係がある．

$$c = \sqrt{\frac{gL}{2\pi} \tanh\left(\frac{2\pi h}{h}\right)} \tag{6.1.1}$$

あるいは $c = L/T$ より，

$$L = \frac{gT^2}{2\pi} \tanh\left(\frac{2\pi h}{L}\right) \tag{6.1.2}$$

ここに，g は重力加速度であり，$\tanh(x)$ は双曲線関数である．

　　上式において，特に，津波，高潮や潮汐などのように，極浅海波または長波の場合 ($h/L < 1/25$) には，$h/L \to 0$ に近づくことを意味しているので，$\tanh(2\pi h/L) \to 2\pi h/L$ と近似できる．したがって，極浅海波または長波の波速 c は，

$$c = \sqrt{gh} \tag{6.1.3}$$

となり，波速 c は周期 T や波長 L に関係なく，水深 h のみによって決まる．

　　津波は，水深が大きいほど速く伝わる性質があるので，水深 5 000 m の深海では時速 800 km のジェット機に匹敵する速さで伝播する．逆に，水深が浅くなるほど津波の速度は遅くなるものの，水深 50 m で 80 km/h，水深 10 m では 36 km/h の自動車並みの速度となり，人が走る速度よりも早く押し寄せるので，海岸付近で地震の揺れを感じたら速やかな避難が肝要である．

(2) 波の変形

図-6.1.5 は，浅水域における波浪の変形を模式的に示したものである．沖で発生した深海波などが海岸に近づいて浅海に入ると，沿岸に建設されている海岸・港湾構造物や海底地形流れなどによって波が変形する．波の変形といっても，ごく浅いところの砕波現象を除いて，一般には波形そのものは変わらずに，波高，波

長，波の進行方向，位相などが変化することを意味している．

波の変形の要因には，水深が変化することによる浅水変形，屈折，構造物や地形による回折，反射，砕波に加えて，海底摩擦，海底砂層への浸透など，複雑に関連している．

(3) 東北地方太平洋沖地震での津波

2011年3月11日に宮城県沖を震源として発生した巨大地震(M9.0)によって引き起こされた津波は，太平洋沿岸の広い範囲に来襲し，特に，千葉県から青森県沿岸部にかけて家屋の流失，道路や護岸の崩落，防波堤の滑動など甚大な被害を生じた．さらに，福島県から岩手県にかけては，浸水高が10 mを超える大津波が来襲し，2万人以上の犠牲者が生じた．沿岸部の津波痕跡によって求められる津波浸水高（津波到達予想時刻における潮位を基準とした津波高）を確定することは被災状況の把握とともに，今後の防災計画やまちづくりの観点から重要である．**図-6.1.6**は，土木学会海岸工学委員会によって調査された津波の浸水高および痕跡高（陸上を遡上した津波の最大遡上高）の分布を示したものである．東北地方の太平洋岸において，津波による10 m以上の浸水高，20 m以上の遡上高が発生していることがわかる．また，**図-6.1.7**は，この大津波による被災事例を示したものである．同図(1)は，釜石港の湾口防波堤であり，北堤のケーソン44基の内，浅部の7基以外がほぼ滑動したものの，津波の浸水高を約3割低減したといわれている．また，同図(2)は，宮城県女川町の被災状況であり，4階建てのRC構造のビルが基礎部から転倒した様子を示している．女川浜では津波の浸水高は17.4 mと推定され，内陸部でも津波の遡上時のエネルギーは大きく，漂流物を巻き込みながら衝撃力を増したことが想定される．

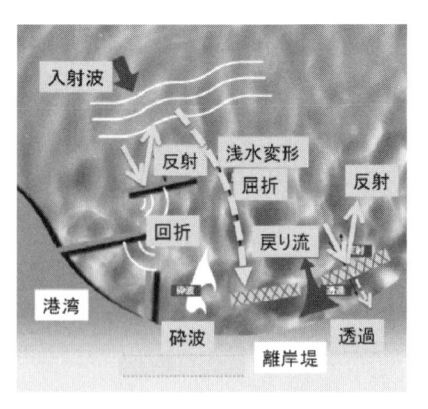

図-6.1.5 浅海域における波浪の変形（浅水変形・反射・屈折・回折など）

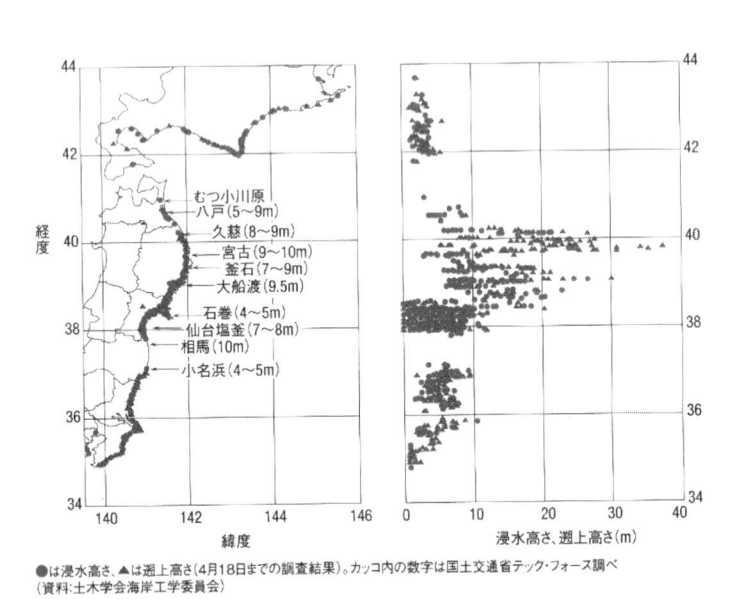

図-6.1.6 東日本大震災における津波の浸水高と遡上高[2] （土木学会海岸工学委員会）

(1) 岩手県釜石市（湾口防波堤）

(2) 宮城県女川町

図-6.1.7 東日本大震災における被災事例[3]

7. 設　問

(1) 実験結果および理論より得られた波長 L（$L_{\text{exp.}}$ および $L_{\text{the.}}$）と水深 h の関係から波を分類せよ．

(2) 波長 L と波速 c，周期 T と波速 c の関係を，得られた実験結果および理論から考察せよ．

(3) 水粒子の半周期における移動距離（たとえば，長径：a）と波長 L を比較すると，一般に波長 L の方がはるかに大きい．このとき，波（水位変動あるいは位相）の伝搬は何によって生じていると考えられるか．

(4) 重複波ができる波長 L と造波水路の長さ D はどのような関係にあるか．振動モードの関連から考察せよ．

(5) 防波堤の開口幅や入射波に対する波向きによって，波はどのように回折するかを考察せよ．

(6) リップルタンクを傾けると波は屈折して進行する．それはどのような要因かを考察せよ．

【参考文献】
1) 岩垣雄一，椹木亨 共著：海岸工学，共立出版，463 p., 1979.
2) 京都大学防災研究所 監修：自然災害と防災の事典，pp. 178-179, 丸善, 2011.
3) 日経コンストラクション 編：東日本大震災の教訓（土木編）インフラ被害の全貌，pp. 25-74, 日経BP社, 2011.

第7章

●流れの力学●

7.1 相対的静止水面の実験

1. 目標
(1) 相対的静止水面の形を測定し，理論曲線の水面形と比較する．

2. 使用設備および器具
(1)	円筒形ガラス容器（直径 20 cm 程度）	1 個
(2)	浮子（色のついたビニール片など）	1 式
(3)	回転テーブル（無段階変速機付き）	1 式
(4)	ポイントゲージ（水平方向移動装置付き）	1 式
(5)	ストップウォッチ	1 個

3. 実験要領
(1) ポイントゲージを回転中心に合わせる．
(2) 容器に水を半分程度入れ，回転テーブルの中心に載せる．
(3) 静水時の水深 h をポイントゲージで測定する．
(4) 適当な速度で回転させ，浮子の動きを目視で追いストップウォッチで回転数を計測する．
(5) 中心からの距離 x における水深 h_x を一定間隔で計測する．
(6) 回転数を変え (4), (5) を繰り返し，複数のケースについて計測を行う．

4. 注意事項
(1) 円筒形ガラス容器は回転テーブルの中心に設置すること．縁が水で濡れていると滑りやすいので取り扱いには細心の注意をはらうこと．
(2) 中心から距離 x における水深 h_x の測定は，中心から左右両方の点でポイントゲージにて計測し，その平均値とする．
(3) 回転数は複数回計測を行い，その平均値とする．浮子の動きが速い場合には，数回転するのにかかった時間を計測し，1 秒間当たりの回転数を算出すればよい．

5. 結果の整理
(1) 次の理論式より各点の水深 h_x を求める．

$$h_x = h - \frac{\omega^2}{4g}(a^2 - 2x^2) \tag{7.1.1}$$

ここに，h_x：水深，h：静水時の水深，ω：角速度（$\omega = $ 単位時間当たりの回転数 $\times 2\pi$），g：重力加速度，a：円筒形ガラス容器の半径，x：円筒形ガラス容器中心からの距離

6. 関連知識
実際に流体が運動していて静止していない場合でも，流体粒子に重力およびそれ以外の外力が働き，かつ各流体粒子が総体運動をしない場合を考えると，静水中の圧力と同様に取り扱うことができる．

たとえば，容器内に液体を入れ，容器に一定の加速度を加えた場合，液体には容器から加速度が伝えられ，液体も加速度をもつ運動をすることになる．液体の運動が定常になった状態を考えると，容器に加えられた加速度と大きさが等しく方向が反対の加速度が液体に作用することになり，液体にその加速度に相当する質量力がはたらくことになる．このとき，液体は容器に対しては相対的に静止している．

この質量力と重力とを同時に考えた外力の単位質量当たりの3成分を X, Y, Z とすると，力の釣合い式は，

$$\frac{1}{\rho}\frac{\partial p}{\partial x} = X, \quad \frac{1}{\rho}\frac{\partial p}{\partial y} = Y, \quad \frac{1}{\rho}\frac{\partial p}{\partial z} = Z \tag{7.1.2}$$

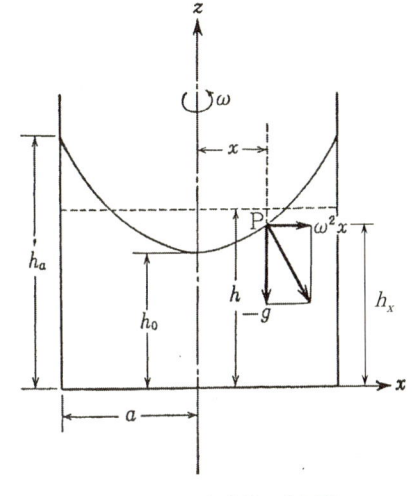

図-7.1.1 回転水槽の水面形

であるから，

$$dp = \frac{\partial p}{\partial x}dx + \frac{\partial p}{\partial y}dy + \frac{\partial p}{\partial z}dz = \rho(X\,dx + Y\,dy + Z\,dz) \tag{7.1.3}$$

となる．いま，圧力の一定な等圧面を考えると $dp = 0$ であるから，

$$X\,dx + Y\,dy + Z\,dz \tag{7.1.4}$$

が等圧面を表す方程式となる．

図-7.1.1 のように半径 a の水槽が回転している場合を考える．回転する水面の1点（回転軸から x の距離にある）における遠心加速度は角速度 ω を用いて $x\omega^2$ であって，式 (7.1.3) において，

$$X = x\omega^2, \quad Y = 0, \quad Z = -g \tag{7.1.5}$$

であるから，等圧面の一つである水面の方程式は

$$x\omega^2\,dx - g\,dz = 0 \tag{7.1.6}$$

これを積分して，

$$\frac{1}{2}x^2\omega^2 - gz = \text{const.} \tag{7.1.7}$$

となる．いま，容器の縁 $(x = a)$ における水深を h_a とすると，回転の中心から x の距離にある点の水深 h_x は，

$$h_x = h_a - \frac{\omega^2}{2g}(a^2 - x^2) \tag{7.1.8}$$

となる．また，中心における水深 h_0 は，上式で $x = 0$ とおいて，

$$h_0 = h_a - \frac{\omega^2 a^2}{2g} \tag{7.1.9}$$

一方，連続の条件より，容器内の水の容積は回転によって変化しないから，

$$\pi a^2 h = \int_0^a 2\pi x h_x\,dx = \pi a^2\left(h_a - \frac{\omega^2 a^2}{4g}\right) \tag{7.1.10}$$

となる．これより h_a を求め，式 (7.1.8) に代入すれば，

$$h_x = h - \frac{\omega^2}{4g}(a^2 - 2x^2) \tag{7.1.11}$$

となる．

---

7. 設　問

(1) 実測水深と理論水深を比較したものはよく一致したか，誤差があればその原因は何かを推論せよ．

(2) 水面の最高点と最低点と高低差はいくらになるか，理論水深と比較し誤差の原因について推論せよ．

(3) 回転数がいくら以上になると容器から水が溢れるか．

7.2 タフトグリッドによる底面流れの可視化実験

1. 目　標

様々な形状をした河川構造物（橋脚や水制など）の底面付近の流れの特徴をタフトグリッド法によって把握する．

2. 使用設備および器具

(1)	開水路	1式
(2)	タフトグリッド（アクリル板装着・針金装着）　※作成方法は関連知識を参照	1式
(3)	トレーサー（ベビーパウダー，おがくずなど）	1セット
(4)	橋脚や水制に相当する模型（円柱，角柱など）	数種類
(5)	ビデオカメラ	1式

3. 実験要領

(1) 直線水路上にタフトグリッド（**図-7.2.1**，**図-7.2.2**）を敷き，開水路底面に両面テープ等で固定する．
(2) 固定したアクリル板の上に橋脚や水制模型を設置する．
(3) 通水し，物体の底面付近の流れを水路上から観察し，写真・動画撮影またはスケッチを行う．

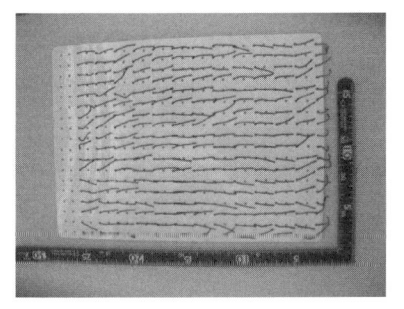

図-7.2.1　タフトグリッド（表面） 　　　　図-7.2.2　タフトグリッド（裏面）

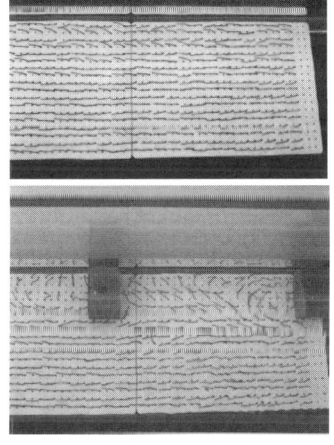

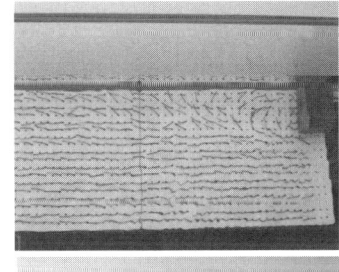

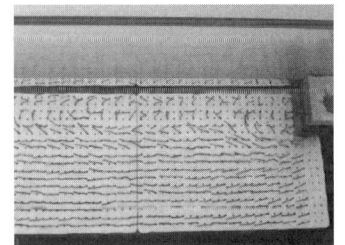

左上：構造物なし，中上：右岸側に水制設置（越流），右上：右岸側に水制設置（非越流）
左下：：右岸側に水制設置（複数，越流），中下：河道中心に円柱設置，右下：側壁から見た様子
図-7.2.2　実験例

(4) 流速や物体を変化させる（**図-7.2.3**）などして (2) 以降を繰り返す．

4. 注意事項

(1) アクリル板と糸の色を互いに対照的なものにすることで視覚効果が高めることができる．例えば，黒色のアクリル板を使用する際には，白糸などを用いるとよい．

(2) タフトを取り付けたアクリル板を複数用意することで長い距離にわたる様子を観察できる．

(3) 水面におがくずなどをまくか，針金の先に糸をくくりつけたタフトを併用することで，水面と底面の流れの違いを比較することができる．

5. 結果の整理

(1) 橋脚を用いた実験では，橋脚前面から発達する馬蹄形渦の範囲，橋脚後流の範囲について調べよ．また，構造物の形や設置方向，配置密度によってどのように影響範囲が変わるかを考察せよ．

(2) 水制を用いた実験では，単独設置の場合，水制の向き（上向き・下向き）の違いによる底面付近の流れの水はねの様子を調べよ．また，水制の影響（逆流域の範囲）が水制長さの何倍の距離にまで及ぶかについても調べてみよ．複数設置の場合は，水制間隔のアスペクト比を変えた実験を行って水制間の循環流の様子の変化などを調べてみよ．

6. 関連知識

(1) 以下の要領で，タフトグリッド（**図-7.2.1**）を作成する．

1. 厚さ 0.5 mm 程度のアクリル板を準備する．市販のプラスチック製下敷きでもよい．
2. アクリル板上に配置した格子点（1 cm 間隔）に，電動ドリル等を用いて直径 0.5 mm 程度の孔を開ける．
3. 針に糸を通し，糸にたわみを持たせながら格子点を交差通過するように縫っていく．
4. 糸の長さを適当に調節し，裏側の孔からテープなどで糸を固定する．
5. 表側の輪状になっている糸を切断し，タフトの長さを調節する．
6. タフトは絡まりやすいので，その長さは格子間隔程度にするとよい．
7. 上記とは別に，任意の位置での流向の鉛直分布を調べるには，任意の長さの針金の先にタフトを取り付けたものを作るとよい．

(2) 可視化による流体の見え方には，大きく分けて 3 種類ある．

・流脈線 (streak line) 特定の一点を通過した流体のつながりである．例えば，注入された染料が描く線や煙突からたなびく煙などが挙げられる．

・流跡線 (path line) 特定の流体塊がたどる道筋を記録したものである．例えば，大気中に飛ばした風船がたどる軌跡や，水中で発生した気泡がたどる軌跡が流跡線である．

・流線 (stream line) ある瞬間における流れ場の速度ベクトルを接線とする曲線（群）のことである．

7. 設問

(1) 構造物背後に見られる後流がなぜ生じるのか，その理由について考察せよ．

(2) 表面と底面での流れの違いを比較し，その理由について考察せよ．

7.3 カルマン渦の可視化実験

1. 目標
(1) 回流水槽中に物体を置き，その背後に発生するカルマン渦の特徴を流れの可視化を通して把握する．
(2) カルマン渦の発生周波数と接近流速を計測し，ストローハル数 (S_t) とレイノルズ数 (R_e) の関係を理解する．
(3) 様々な形の物体背後に発生するカルマン渦の特徴を調べる．

2. 使用設備および器具

(1)	回流水槽あるいは直線水路	1 式
(2)	墨汁	1 個
(3)	トレーサー（ベビーパウダー，おがくずなど）	1 セット
(4)	浮標	1 個
(5)	円柱，角柱など	数種類
(6)	ストップウォッチ	1 個
(7)	定規	1 個
(8)	温度計	1 個
(9)	ビデオカメラ	1 式

3. 実験要領
(1) 定規を用いて，物体（円柱や角柱など）のスケール（直径や一辺の長さなど）を測定する．
(2) 回流水槽に水深 H が 5 cm 程度となるように水を注入した後，墨汁で着色する．ただし，直線水路でおがくずなどを使う場合は着色する必要はない（**図-7.3.1**，作り方は**付録 A** を参照のこと）．
(3) 水温を測る．
(4) 直線部分で浮標を流下させ，一定距離区間 (L) の通過時間をストップウォッチで測り，平均流速（接近流速）U を求める．流速値は 3 回の計測の平均値とする．
(5) 物体を直線部分の中間に設置した後，トレーサーを上流側から散布して表面流を可視化し，カルマン渦の発生を確認する．
(6) カルマン渦の発生周期をある一定時間 T_w 内（例えば 10 秒間）の発生回数から目視で算出する．ビデオカメラで表面流を撮影し，コマ送りしながら細かく発生回数を数えてもよい．
(7) 流速や物体を変化させて (4) 以降を繰り返す．

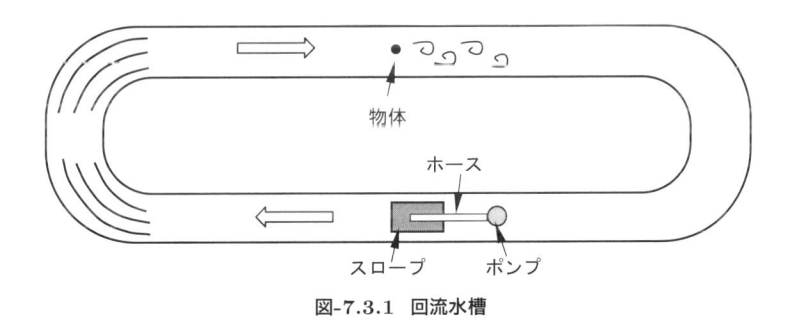

図-7.3.1 回流水槽

4. 注意事項

(1) カルマン渦の発生は 1 対の渦の発生を 1 回とする．

(2) 物体は一様流とみなせる中央部分に設置する．

(3) 物体の長さスケールは，流れに直交する方向の長さを測る．

5. 結果の整理

(1) 計測した水温に対する動粘性係数 ν を**付表**などから求める．

(2) 平均流速 U，長さスケール D および動粘性係数 ν からレイノルズ数を算出する．レイノルズ数は，慣性力と粘性力の比を表す無次元数であり，次式で定義される（**4.1** を参照）．

$$R_e = \frac{UD}{\nu} \tag{7.3.1}$$

(3) 計測したカルマン渦の発生回数から発生周波数 f (Hz) を求め，ストローハル数を算出する．ストローハル数は，長さと速度の代表スケールで周波数を無次元した数であり，次式で定義される．

$$S_t = \frac{fD}{U} \tag{7.3.2}$$

(4) 縦軸を渦の発生周波数，横軸を接近流速にとってプロットし，流速の増加に対して渦の発生周波数がどのように変化するか調べる．

(5) 縦軸をストローハル数，横軸をレイノルズ数として結果をプロットし，二つの無次元量の関係を調べる．

(6) 長さスケールが同じで形が違う物体によって生じるカルマン渦の特性について調べる．

6. 関連知識

(1) 円柱を過ぎる流れの速度を静止状態から徐々に早くしていくことを考える．非常に遅い $R_e < 5$ では，流れは円柱に対称に沿って流れ，時間変動のない定常流となる．$5 < R_e < 50$ の範囲では，円柱の背後に一対の渦（双子渦）が生じる．この双子渦は，R_e とともに大きくなり R_e が 50 程度以上になると流れは不安定になり，片方の渦が円柱からはがれて下流に放出される．いったん，渦の放出が始まると，反対側の渦が成長してまた放出するといったことが規則的に繰り返されるようになる（**図-7.3.2**）．特

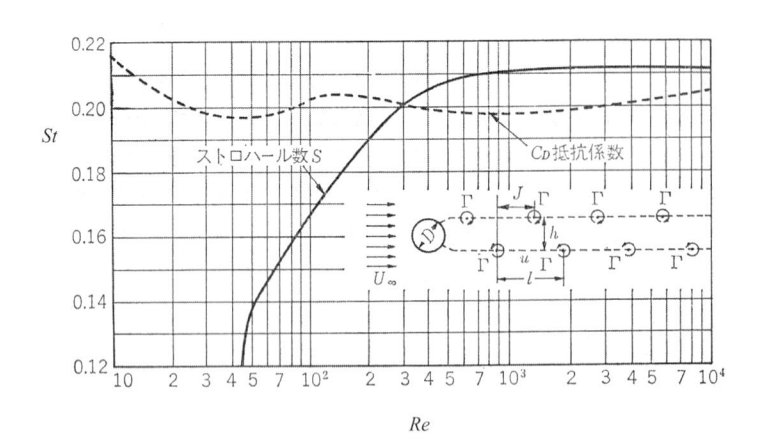

図-7.3.2 円柱回りの流れのレイノルズ数とストローハル数ならびに抵抗係数の関係 [1)]

(a) $R_e < 5$

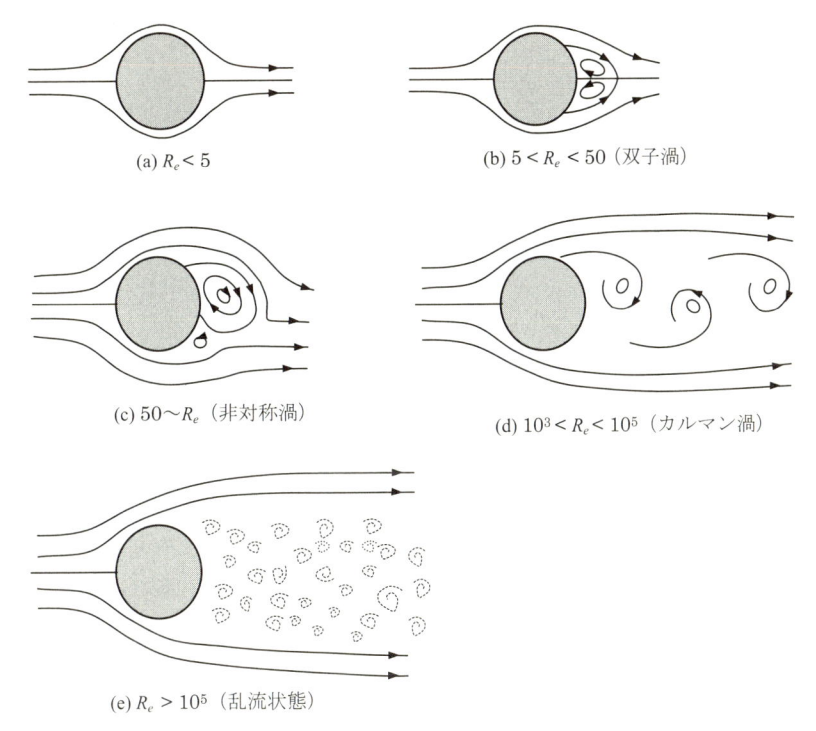

(b) $5 < R_e < 50$（双子渦）

(c) $50 \sim R_e$（非対称渦）

(d) $10^3 < R_e < 10^5$（カルマン渦）

(e) $R_e > 10^5$（乱流状態）

図-7.3.3 円柱後流の流れの変化

に，$10^3 < R_e < 10^5$ の範囲では安定的に渦が放出され，S_t の値は約 0.21 で一定値をとる．$R_e > 10^5$ になると，渦列は乱れて完全に乱流状態となる．上の説明を模式的に示したのが **図-7.3.3** である．

(2) カルマン渦は，ハンガリーの航空工学者であるカルマン (1881–1963) が 1911 年に，柱状物体後流にきれいな渦列が生じることを説明したことにちなんで名付けられている．実験的には，ベナールが 1908 年に調べているため，ベナール・カルマン渦列とも呼ばれている．カルマンは，非粘性流れの場合，**図-7.3.2** に示した渦列の配置が $h/l = 0.28$ となることを理論的に示した．

(3) ストローハル数は，$10^3 < R_e < 10^5$ の範囲でほぼ一定の値 0.21 をとるので，長さスケールが既知なら周波数を測るだけで流速を求めることができる．このカルマン渦の性質を用いた流量計が渦流量計である．

(4) 1940 年に米国で起こったタコマナローズ橋の崩落は，横風を受けた橋から発生したカルマン渦の振動と橋の固有振動数が同程度になり，共鳴振動を起こした結果と考えられている．対策として，明石海峡大橋ではハンガーロープ表面を螺旋状にすることによってカルマン渦が発生することを防いでいる．

また，1995 年に日本で起こった高速増殖炉「もんじゅ」のナトリウム漏洩事故の原因の 1 つとしてカルマン渦による振動が考えられている．

(5) カルマン渦は地球規模の大スケールでも発生する．韓国の済州島の風下側に発生するカルマン渦がよく知られている．

(6) これとは逆にスケールの小さな電線の下流側でもカルマン渦は発生する．風向風速によってはこの渦が共振して特別な音，風切り輪音を出すことがある．

7. 設　問

(1) 直径 1 cm の細い棒を強く振った時，人の耳に聞こえる風切り音が発生するためには，どのくらいの速度で棒を振ればよいか考えよ．

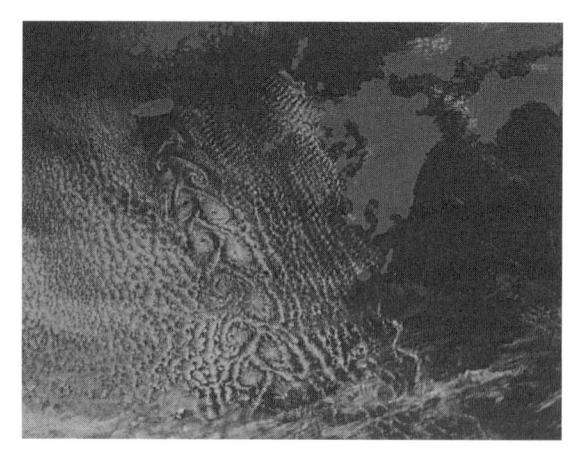

図-7.3.4 済州島の風下で発生した大規模カルマン渦（2007 年 2 月 15 日）[2]

(2) 円柱を縦や横に複数配置したとき，背後に発生するカルマン渦はどのように変化するか実験で確かめよ．

(3) 済州島を起点として発生したカルマン渦を**図-7.3.4**に示す．このような大スケールのカルマン渦の発生条件が**図-7.3.2**に示したレイノルズ数の条件にあてはまるかどうか調べよ．条件から外れていた場合，レイノルズ数の定義をどのように考えればよいか考察せよ．

【参考文献】
1) 小山明：渦学，山海堂，p. 15, 1981.
2) 高知大学気象情報頁 (http://weather.is.kochi-u.ac.jp)

付　録

A. 回流水槽の製作

1. 目　　標

カルマン渦を可視化しながら，その周波数特性を調べることのできる2種類の装置の作り方について説明する．また，ビデオ画像から，流跡線を可視化する方法についても説明する．

2. 回流水槽（サーキットタイプ）

簡単な部品の組合せでサーキットタイプの回流水槽を製作した例を紹介する．

2.1 材料および使用器具

製作には以下のような材料や器具を使用する．

(1)	透明塩化ビニール板	1枚
(2)	ミニポンプ（一般にバスポンプと呼ばれるものでよい）	1個
(3)	電圧コントローラー	1式
(4)	ステンレス板	1枚
(5)	シリコンチューブ（径 1.5 cm 程度）	1本
(6)	トレーサー（ベビーパウダー，おがくずなど）	適量

2.2 製作例

製作例を**付図 A-1** に示す．基本的には，水路底面に取り付けたミニポンプで吸い上げた水を同じ平面内で下流側に送り出す機構で流れを発生させる．水槽は，塩化ビニール製で平板の上に加熱して湾曲部を貼り付けてサーキット形状にした．ミニポンプの吐出量は，簡単な電圧コントローラーを介して調整できる．吐出後の水は整粒装置に当て，流速分布を一様化する．**付図 A-1** では，トレーサーのアルミ粉末を見やすくするために水は墨汁で黒く着色している．水深は 3 cm 程度でよい．サイズは，底面板が 180 × 50 cm，高さが 5 cm，水路幅が 10 cm である．サイズは材料により適宜調整すればよい．**付図 A-2** には，ミニポンプを取り付けた様子，**付図 A-3** には各パーツを示した．製作例のサイズは，底面板：50 × 150 cm，水路部幅 15 cm，深さ 5 cm である．

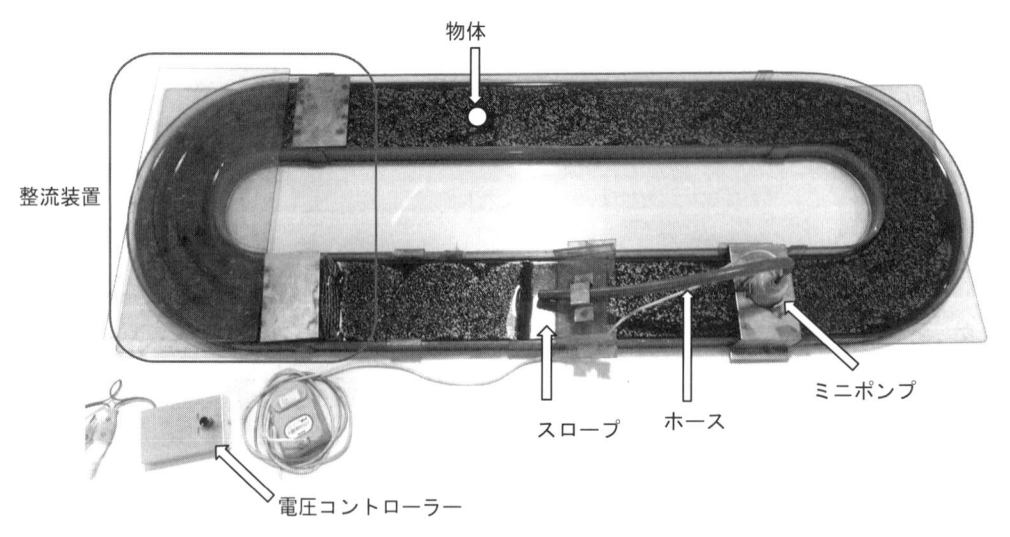

付図 A-1　回流水槽（サーキットタイプ）

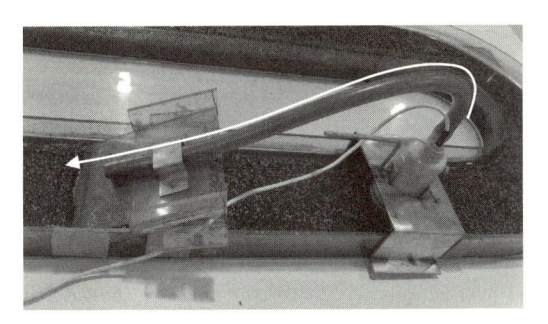

付　録
81

付図 A-2　ミニポンプの取り付け方

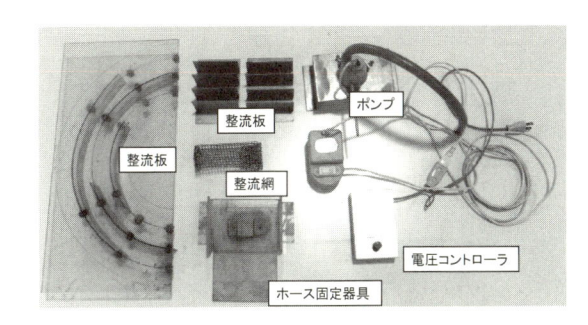

付図 A-3　各パーツ

3. ミニ平面水路

短い流下距離で浅い水深の流れを発生させ，カルマン渦の可視化実験を行える簡単な平面水路の製作例を紹介する．

3.1　材料および使用器具

製作には以下のような材料や器具を使用する．

(1)　アクリル板	必要量
(2)　ミニポンプ（一般にバスポンプと呼ばれるものでよい）	1個
(3)　電圧コントローラー	1式
(4)　塩ビパイプ	1本
(5)　シリコンチューブ（径1.5 cm程度）	1本
(6)　アングル（ビデオカメラ取り付け組立用）	数本
(7)　水槽（工具箱程度）	1個
(8)　人工芝，メッシュ	1枚
(9)　トレーサー（おがくず，粒径1 mm程度）	適量
(10)　網（細かい目）	1枚

3.2　製作例

製作例を**付図 A-4**に示す．基本的には，幅広の浅い長方形水槽の上流端で整流した流れを，幅を少し絞った水路に供給し，ミニポンプで循環させる．下流端には切り口をつけた塩ビパイプをとりつけ流出水を横方向に集中させ，循環しやすくする．トレーサーは，ミニポンプで詰まらないように塩ビパイプの出口で網などによりトラップする．水深は1～2 cm程度で非常に浅くなるので，下流端は適宜せきあげる．トレーサーには小粒径のおがくず（ヒノキ材）が適しており，水路の上流側で人手により散布することで表面流を可視化できる．**付図 A-4**に示した水路のサイズは底面60×60 cm，深さ5 cm，水路部幅20 cmである．水路の底にはトレーサーが目立つように黒い紙を敷いている．黒色のスプレーで底面を黒くしても良い．

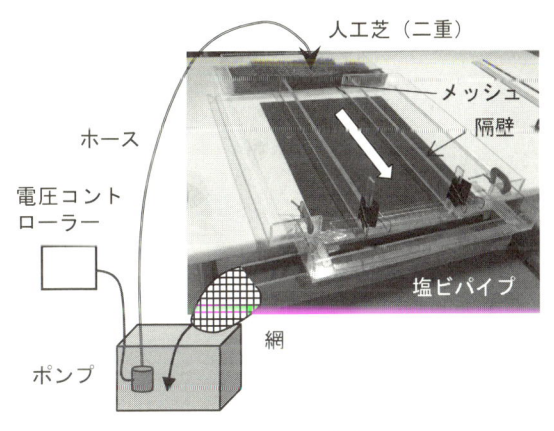

付図 A-4　ミニ水路

4. 電圧コントローラー

　ここでは，上述の各装置のミニポンプの出力を調整するために作成した電圧コントローラーについて簡単に説明する．使用したのは，基本的にはトライアック万能調光器キット（20 A タイプ）（(株)秋月電子通商）で，放熱板を追加して取り付けたものである．トライアックは，3 端子をもつ半導体スイッチング素子の一種で，双方向に電流を流せることから AC スイッチとして広く用いられているものである．AC 100 V 機器の出力パワーをボリューム 1 個で，0%～100%可変できる．

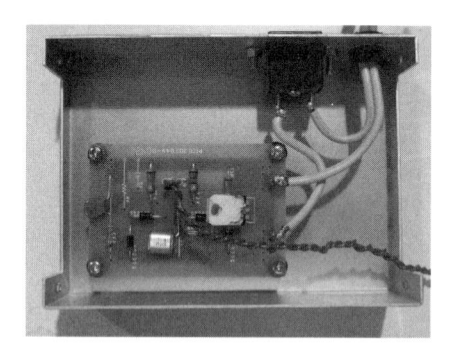

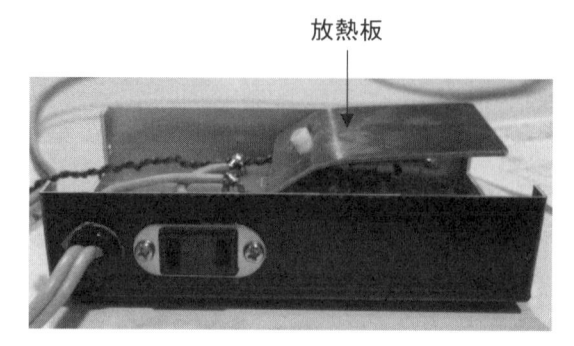

付図 A-5　電圧コントローラー

B. 可視化ビデオ画像を用いた流跡線画像の生成

1. 目　　標

　回流水槽などで可視化した流れを固定点からビデオ撮影し，得られた動画データを処理して流跡線を生成することにより流れ特性の理解を深める．

2. 動画データの静止画への変換

　一般のビデオカメラを用いて可視化した流れを撮影した場合，動画ファイルは様々な形式で記録される．AVCHD（拡張子はMTS，M2TS）形式，mov，avi，MotionJPEG，MP4などが代表的なものである．これらの動画は，一般的には30 fps (frame per second)で映像が記録されているため，流れが速すぎると流れを良好に把握することができなくなる．すなわち，フレーム間のトレーサーの移動量が大きすぎると流れの連続性がわからなくなるので注意が必要である．ここでは，動画を1フレーム毎の静止画に切り出し，輝度の多重合成から流跡線を可視化する．動画を各瞬間の連続静止画像に変換するには，数多くのフリーソフトがある．静止画の形式は，bmp（ビットマップ）かjpeg（ジェーペグ）のどちらかになることが多いが，サイズの小さいjpegファイルが扱いやすい．また，処理の簡便さからここではモノクロ画像を対象とする．

3. 多重合成画像の生成

　画像の多重合成は，流れが速い場合には数枚，遅い場合には十枚程度の連続画像の輝度を足し合わせることで実現できる．通常，輝度は256階調で表され，真黒の輝度値が0，真白の輝度値が255となる．トレーサーの輝度は周囲の流体より明るいため，各画像の輝度値を画素毎に比較し，順次，明るい方の値と置き換えていけば，トレーサーの多重合成を実現できる．多重合成画像の生成には画像処理のプログラムを作成してもよいが，数枚の静止画の合成であれば，フリーソフト（ImageJやEasyAccessなどがある）を用いて手作業で処理してもあまり時間は要さない．

4. 多重合成画像例

　ここでは，円柱と角柱背後に発生するカルマン渦のトレーサー画像を多重合成してみる．表面流の可視化に使用したのは，3. で紹介した回流水路である．トレーサーはベビーパウダーで，水路表面に散布してある．撮影には家庭用ビデオカメラを使用している．

4.1 円柱背後の流れの場合

　直径3 cmの円柱背後の流れを可視化し，1/30秒間隔の連続した4枚の画像を取り出したのが**付図B-1**の左側である．水深は約3 cm，接近流速は10 cm/s程度である．瞬間画像では流況を把握しにくいため，右側に2〜4枚の画像を多重合成した図を示した．2枚の重ね合わせmax(A0 + A1)でも円柱背後で剥離渦が発生している様子がわかるが，枚数を増すことによって流跡線はさらに明瞭となっている．流跡線の接線を連ねた線が流線に対応する．重ね始める画像を時間的に順次ずらしていけば，非定常な流れの様子，すなわち瞬間流線の変化を詳しく調べることができる．

4.2 角柱背後の流れの場合

　同様の水路で角柱（3 cm × 2 cm）を置いた場合の例を**付図B-2**に示す．ここでは，異なる時刻から始まる各々4枚（0.1秒間）の連続画像を多重合成した結果を示した．比較的大きなトレーサーに注目すると4つ

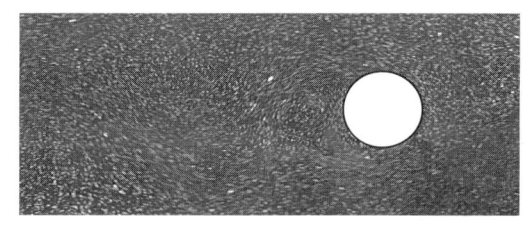

A0: t=0 (sec)

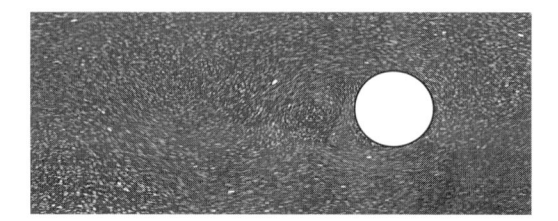

A1: t=1/30 (sec)

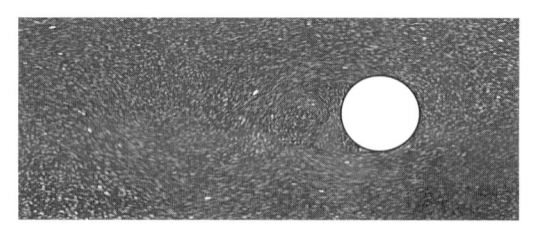

A2: t=2/30 (sec)

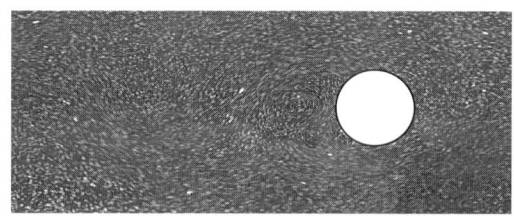

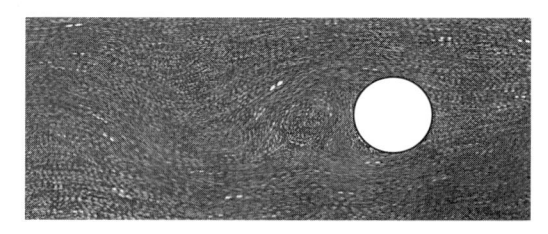

A3: t=3/30 (sec)

max (A0+A1)

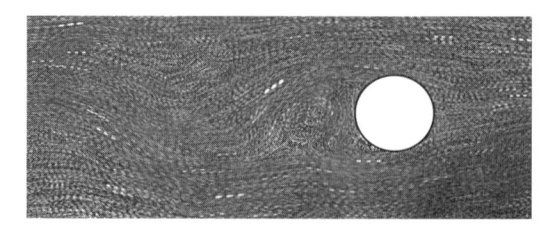

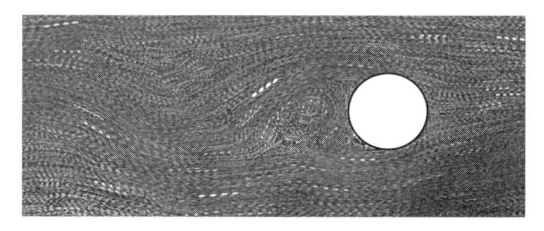

max (A0+A1+A2)

max (A0+A1+A2+A3)

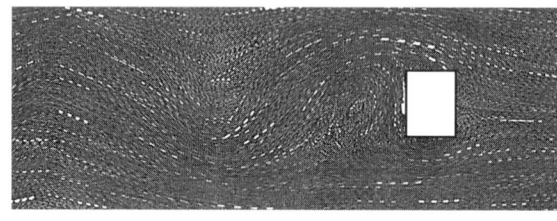

付図 B-1　瞬間画像と多重合成画像

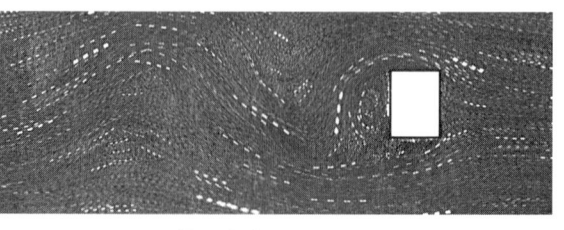

4 枚の合成

4 枚の合成：別の瞬間

付図 B-2　角柱回り流れの多重合成画像

連なったように見えていることから，うまく合成されていることがわかる．角柱背後の流れは円柱よりも剥離渦のスケールが大きくなっていることを把握できる．このように，トレーサーと家庭用ビデオを使った可視化で様々な物体周りの流れを調べると新たな発見があるかもしれない．

C. ペットボトルによる流出現象の観察とマリオット瓶

1. ペットボトルを用いた流出装置とトリチェリの定理に関する実験的考察

1.1 目標
(1) トリチェリの定理を水理学の知識から理解する．
(2) ペットボトルによって流出システムを作成し，流出時間および流出量に関して，理論値と実験値を比較する．
(3) この実験を通じてトリチェリの定理を体感する．

1.2 材料・使用器具　製作方法
(1) 材料・使用器具
　・ $2l$ のペットボトル　　　　　　　　　　　　　　　　　　　　　　　　　　　　　1 本
　・受水容器（バケツなど）　　　　　　　　　　　　　　　　　　　　　　　　　　1 個
　・止水栓（割り箸などで代用可）　　　　　　　　　　　　　　　　　　　　　　　1 個

(2) 製作手順
蓋をとったペットボトルの底から 5 cm 程度の高さの側面に径 5 mm 程度の穴をあける．この際，ペットボトルにひび割れが生じないように十分注意する．この流出孔をふさぐ止水栓を用意する．ペットボトル内に貯めた水が漏れなければ割り箸やペン先などでも代用可能．

1.3 トリチェリの定理

1.2 で作成した流出装置において，排水孔を基準高さとした初期水位を H，流出開始後の任意時刻における水位を h とする（**付図 C-1**）．またペットボトル（蓋部付近を除く一定断面積部分）および排水孔の断面積をそれぞれ A および a とする．

ペットボトル内の水面降下速度が流出速度 V より十分小さいものと仮定し，さらに水面と出口の圧力をゼロとすると，これら 2 点において次のベルヌーイ式が得られる．

$$h = \frac{V^2}{2g} \tag{1}$$

これより流出速度は，$V = \sqrt{2gh}$ と計算できる．

この式はトリチェリの定理とよばれる．

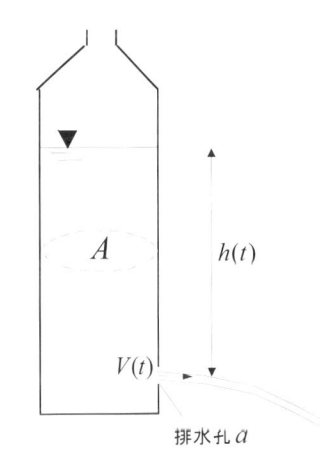

流出孔付近の形状損失や出口直後の縮流効果のため流出流量 Q は次のように補正係数 C を乗ずることが一般である．

$$Q = C \times aV \tag{2}$$

次に水位低下とそれにかかる時間の関係を導出する．

ある時刻において，微小時間 dt における出口からの流出量は，$aCV\,dt$ である．

一方で同じ時刻におけるペットボトル内の水量減少分は，$d\{A(H-h)\}$ と表せる．これらが等しいことより，$aCV = \dfrac{d\{A(H-h)\}}{dt}$ となる．

さらに A および H は定数なので，$aCV = -A\dfrac{dh}{dt}$ となる．$V = \sqrt{2gh}$ を代入すると，$aC\sqrt{2gh} = -A\dfrac{dh}{dt}$ がえられる．

付図 C-1　流出装置の概要

これは変数分離型の常微分方程式なので，$dt = -\dfrac{A}{aC\sqrt{2g}} h^{-1/2} dh$ と変形した後両辺を積分すると，t と h の関係式が得られる．

$$t = -\frac{A}{aC}\sqrt{\frac{2h}{g}} + D \qquad \text{ここで } D \text{ は積分定数．}$$

初期条件として $t = 0$, $h = H$ を代入し，D を求めて整理すると，

$$t = \frac{2A}{aC\sqrt{2g}}(\sqrt{H} - \sqrt{h}) \tag{3}$$

もし流量係数がわかっていれば，この式よりある水位まで低下するのに必要な時間が計算できる．

1.4 実験方法

(1) ペットボトルに水を入れて，止水栓を抜く．時間とともに流出水脈の着地点がペットボトルに近づくことを観察する（**付図 C-2**：水を着色）．

代表の水面位置を複数設定し，対応する着地距離を調べてグラフにプロットする．どのような関数形が得られるか考察する．

(2) 任意の高さ（例えばペットボトルの半分の高さなど）まで水深低下に要する時間を計測し，式 (2) より流量係数を計算する．

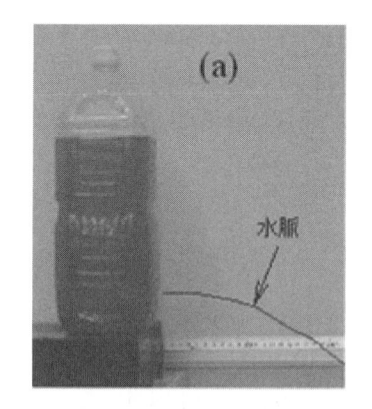

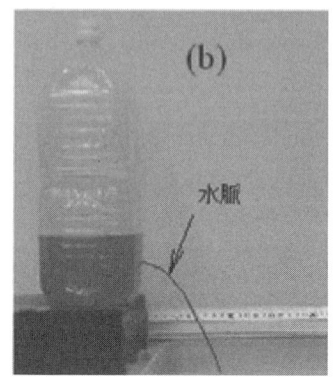

付図 C-2 水位による水脈の変化

2. マリオット瓶の製作

2.1 目標

(1) 水位に依存せず流出速度が一定になる不思議なマリオット瓶の原理を理解する．
(2) ペットボトルによってマリオット瓶を作成し，流出速度が一定になることを確認する．

2.2 材料・使用器具　製作方法

・$2l$ ペットボトル　　　　　　　　　　　　　　　　1本
・曲がるストロー　　　　　　　　　　　　　　　　　1本
・止水栓（割り箸等で代用可）　　　　　　　　　　　1個

付図 C-3 のようにペットボトルの蓋に用意したストローとほぼ同じ径の穴をあける．これにストローを差し込む（**付図 C-4**）．曲がるストロー（**付図 C-5**）を使用すると曲がり部分がストッパーになるとともに，簡単に気密にできる．

付図 C-3 穴をあけたペットボトルの蓋

2.3 マリオット瓶の原理

実際に排水させると，**付図 C-6** のようにストローの下端から気泡が発生することがわかる．このことは，ストロー下端では常に圧力が大気に解放されることを意味する．すなわちペットボトル内の水位がストロー下端よりも高ければ，水位に関わらずストロー下端の高さでの圧力はゼロ（大気圧）となる．

排水孔とストロー下端の落差を h' としてこの2点でベルヌーイ式を立てると，排水孔での流速は，$V = \sqrt{2gh'}$ となり，任意時

付図 C-4 蓋にストローを差し込む

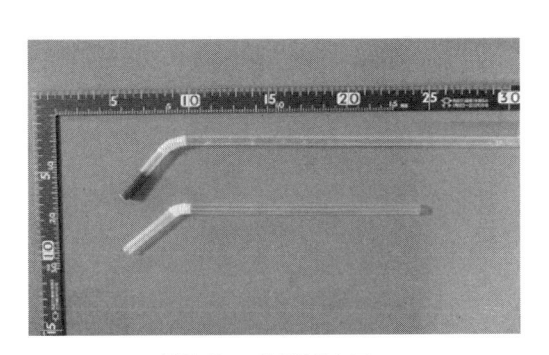

付図 C-5　曲がるストロー

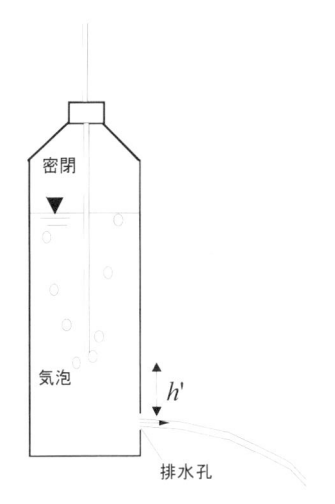

付図 C-6　マリオット瓶の概要

刻の水位 h に依存しない．

　この結果，常に一定の排水流量が実現できる．またストローの長さによって h' を変化させることにより流出流量を調整できる．

2.4　実験方法

(1) 水位が低下しても流出速度が一定になることを確認する（**付図 C-7**）．通常の排水装置では水位低下とともに流出速度も小さくなるが，水位に関わらず一定の流出速度となることが観察される．

(2) ストロー先端の高さによって流出速度が変わることを確認する（**付図 C-8**）．**付図 C-5** のような長さの異なるストローを使って比較する．ストロー下端が低いほど流出速度は小さい．

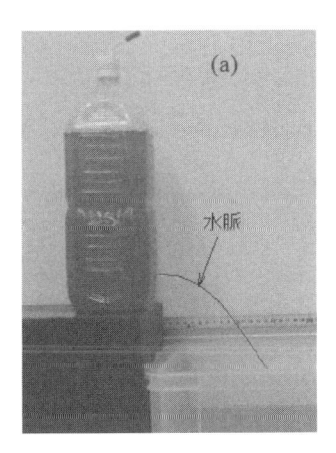

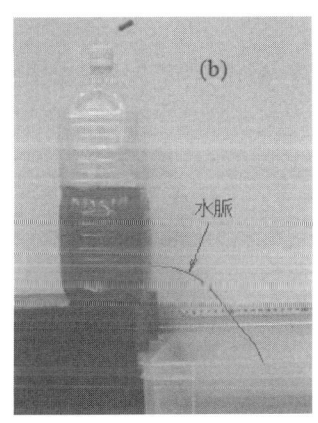

付図 C-7　(a) 高水位時，(b) 低水位時

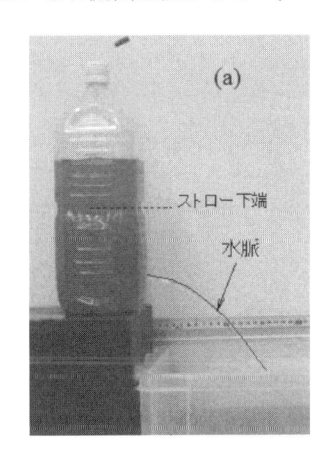

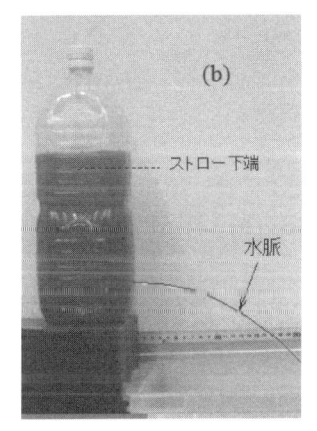

付図 C-8　(a) 長いストロー，(b) 短いストロー

D. ペットボトル水車の作成と発電実験

1. 目　標

(1) ペットボトルを用いて伝統的な下掛けタイプの水車を作成する．
(2) 水流エネルギーを利用した発電の仕組みを理解する．
(3) 見た目に勢いよく回っても LED や豆電球を発光させるのが精一杯であり，電気を作ることがいかに大変かを身をもって体感する．

2. 材料・製作方法

(1) 材料

- 500 ml ペットボトル　　　　　　　　　　　　　　　　　　　　　　　　　1本
- 長ネジあるいはシャフトネジ　　　　　　　　　　　　　　　　　　　　　1個
- 軸受け用のフレーム（アングル材や木材）　　　　　　　　　　　　　　　1式
- 模型用モーター　　　　　　　　　　　　　　　　　　　　　　　　　　　1個
- 模型用の平ギアおよびピニオンギア　　　　　　　　　　　　　　　　　　1式
- 発光ダイオード（LED）　　　　　　　　　　　　　　　　　　　　　　　1個
- テスター　　　　　　　　　　　　　　　　　　　　　　　　　　　　　　1個

(2) 製作方法

(a) 羽車

［タイプ A］

1. ペットボトルの蓋をはずして，この中心に径 3 mm 程度の穴をあける．
2. 胴体部の四面に飲み口近くの絞り部をカッターで切り取る（**付図 D-1**）．
3. この部分に放射状にマジックで線を入れて切り込みを入れる（**付図 D-2**）．
4. **付図 D-3** のように折り込んで，蓋をつけて，棒を通して固定する．発電効率を上げるために**付図 D-4** のように重連結してもよい．

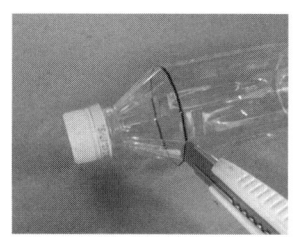

付図 D-1　絞り部を切り取る　　付図 D-2　放射状に切り込む　　付図 D-3　折って羽を作る　　付図 D-4　重連結した様子

［タイプ B］

1. ペットボトルの蓋をはずして，この中心に径 3 mm 程度の穴をあける．
2. ペットボトルの胴体部に写真のようにコの字型の線をつける．個数は自由（**付図 D-5**）．
3. この部分をカッターで切り込みを入れる．
4. 写真のように折り出す（**付図 D-6**）．
5. 底に穴をあけて蓋をつけ，棒を通して固定する（**付図 D-7**）．

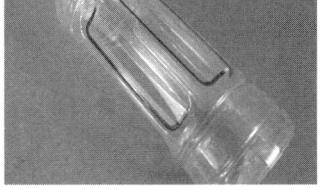

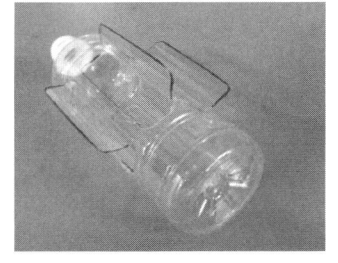

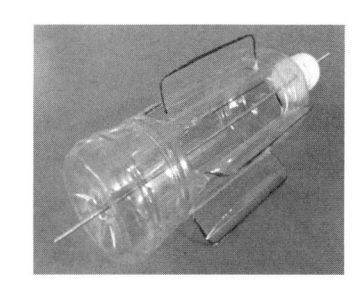

付図 D-5 羽の部分をマーキング　　付図 D-6 切り欠いて羽にする　　付図 D-7 棒を通す

* これらの羽車は一例であり各自オリジナルのものを考えてみよう．ベースとなるペットボトルの選択やそれに併せたデザインを工夫する．

(b) フレーム
1. **付図 D-8** のように金属プレートや木材を使って軸受けを作る．
2. 羽車が滑らかに回転するように軸受けに設置しはずれないように軸にストッパーをつける．

(c) 発電部
1. モーターの回転数を上げるために，**付図 D-9** のようにギア機構を作る．10 cm 程度のシャフト棒の先端に平ギアをしっかりと組み込む．模型用モーター（マブチモーター 280 など）にピニオンギアをつけて，これが平ギアと噛み合うように，ベース板に固定する．このギア機構をフレームにボルト止めし，ゴムチューブや模型モーター専用のカプリングパーツで，羽車の軸棒と平ギアのシャフトをジョイントする．
2. 発電される電圧や電流を測定するためにモーターの出力導線にテスターおよび発光ダイオードを接続する．この際，電子工作用のブレッドボードを使用すると便利（**付図 D-13**）．
3. ギア機構に水がかからないように，防水板をつける．全体の構成を**付図 D-10** に示す．

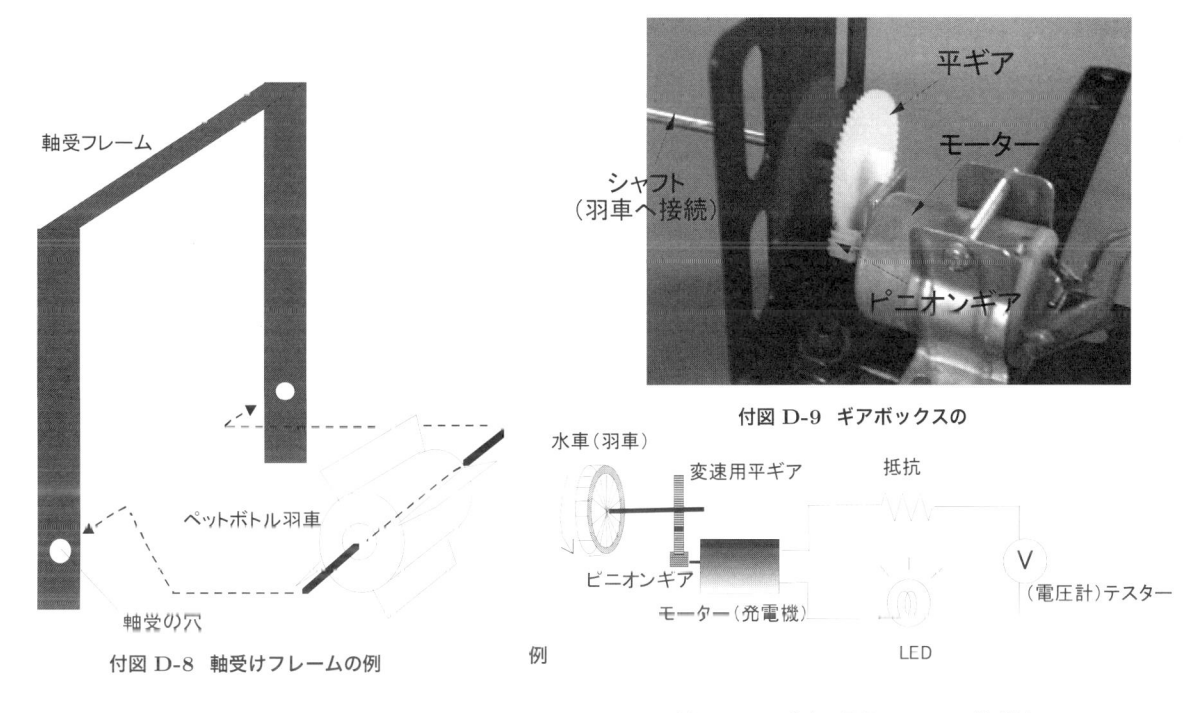

付図 D-9 ギアボックスの例

付図 D-8 軸受けフレームの例

付図 D-10 水車・発電システムの構成例

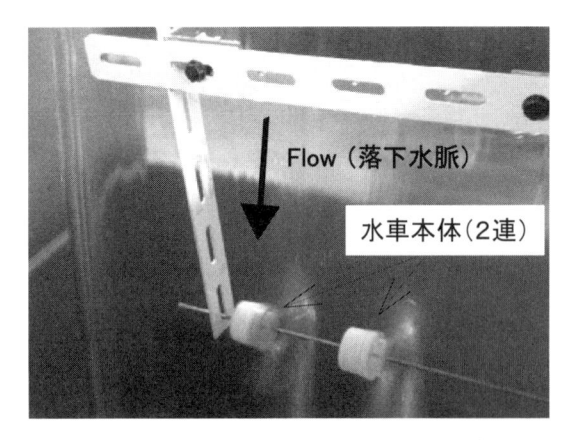

付図 D-11　越流水脈にタイプ A を設置した例 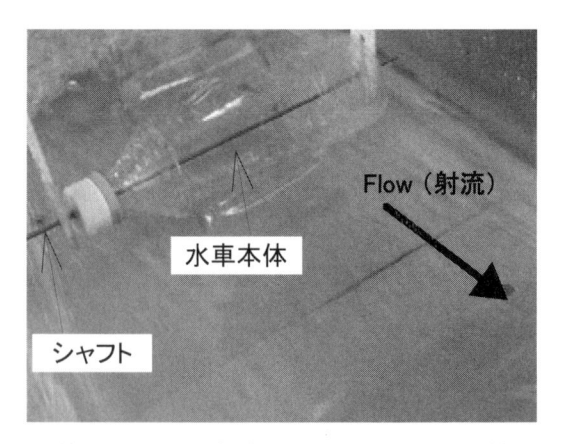　　　付図 D-12　開水路の射流にタイプ B を設置した例

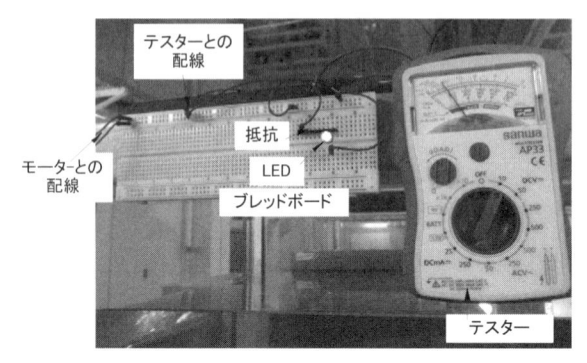

付図 D-13　LED および周辺回路の様子（羽車の回転により LED が点灯）

3. 実験方法

(1) 開水路流れや落下水脈にローターを接水させてスムーズに回転するか調べる．うまく回らない場合は水流の速度を上げたり，軸受けにベアリングをつける等々の工夫をする．**付図 D-11** および**付図 D-12** は越流水脈や開水路の射流に設置した例である．

(2) モーターの出力電圧をテスターによって計測する．水流の速度によって出力電圧が変化することを確かめる．

(3) テスターの代わりに LED を配線して実際に水車発電によって発光することを確認する（**付図 D-13**）．乾電池程度の低電圧タイプの LED を使用する場合でも，発光させるには 1.5 V 程度の電圧を生み出す必要がある．

(4) ローターの羽数や受水面積によるトルクや回転数の変化を調べて，効率のよい水車を作ってみよう．

4. 関連知識

　磁界の中で導線を素早く移動させると電流が生じる（電磁誘導）．モーターは磁石とコイルから構成されておりモーター軸を何らかの力で回転させると電磁誘導によって発電できる．発電量はモーター特性や回転数に依存する．現在実用されている多くの発電が電磁誘導を利用しており，この回転力を与えるきっかけによって水力発電，火力発電，原子力発電および地熱発電等に分類される．

E. 円形跳水の観察

1. 目標

おそらく最も身近な跳水現象は流し台などで観察される円形跳水であろう．台所にある身近な道具を用いた簡単な実験を紹介し，跳水，射流，常流などの重要な基礎水理現象の理解を深めるとともに，水理学の基礎理論を適用し，実験結果と比較考察することで，水理学の基礎理論に対する理解（適用範囲とその限界，およびその理由）を深める．

2. 材料および使用器具

(1) 円筒形ガラス容器（直径20cm程度） 1個
(2) 流し台 1台
(3) 計量カップなど（流量測定用．容積が分かっているものであればなんでもよい） 1式
(4) ストップウォッチ（流量測定用） 1台
(5) 定規（蛇口直径，跳水半径，跳水後水深測定用） 1本
(6) 皿，フライパンなど（蛇口の相対高さを変えるため） 1式

3. 跳水半径の水理学

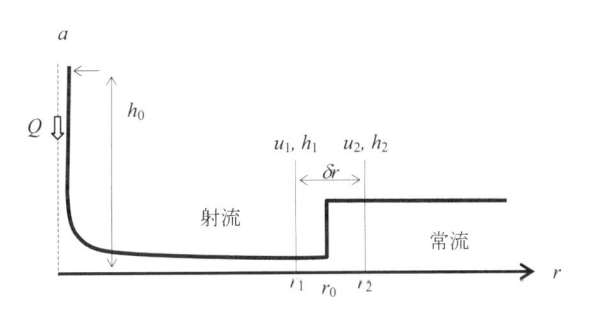

付図 E-1 円形跳水の運動量保存則

円形跳水の半径方向の単位幅流量を q，水深を h とすると，連続の式より，

$$Q = 2\pi r q = 2\pi r u h \tag{1}$$

となる．跳水長 δr は短く無視できるとすると，跳水前後の運動量保存則は式(2)で与えられる．

$$u_1^2 h_1 + \frac{g h_1^2}{2} = u_2^2 h_2 + \frac{g h_2^2}{2} \tag{2}$$

また，跳水前後で単位幅流量は等しく，式(3)が得られる．

$$q^2 = \frac{g}{2} h_1 h_2 (h_1 + h_2) \tag{3}$$

式(3)を整理すると，

$$h_1 = \frac{g h_2^2}{2 u_1^2 - g h_2} \tag{4}$$

となる．式(1)を用いると，跳水半径 r_0 は，

$$r_0 = \frac{Q}{2\pi} \cdot \frac{2 u_1^2 - g h_2}{u_1 g h_2^2} \tag{5}$$

となる．次に，蛇口の出口（半径 a）と跳水直前において，ベルヌーイの定理を適用する．この区間のエネルギー損失を h_l とすると，全エネルギー H は

$$H = \frac{Q^2}{2g\pi a^2} + h_0 = \frac{u_1^2}{2g} + h_1 + h_l \tag{6}$$

となる．跳水直前の水深は全水頭に比べて非常に小さいとし，損失水頭を無視すると，跳水半径は式 (7) で与えられる．

$$r_0 \approx \frac{Q}{\pi g} \cdot \frac{u_1}{h_2^2} \approx \frac{Q}{\pi h_2^2}\sqrt{\frac{2H}{g}} \tag{7}$$

---

4. 設問

(1) 円形跳水を発生させ，流れを観察せよ（例えば射流域に障害物後方に発生する衝撃波や皿や蛇口の出口の角度，水深によって跳水形状がどう変化するかなどを観察する）．

(2) 蛇口流量 Q，蛇口の相対高さ h_0，跳水後の水深 h_1 を計測し，水理学の理論から求める跳水半径と比較し，考察せよ．

(3) 蛇口の相対高さ h_0 や蛇口流量 Q を変えた場合，円形跳水がどう変化するかを計測し，図示せよ．

(4) 跳水半径から跳水直前のエネルギー水頭を見積もり，考察せよ．

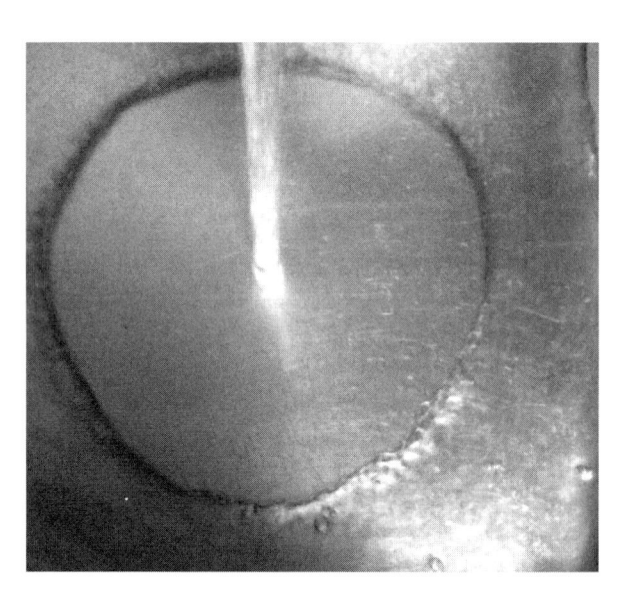

付図 E-2 台所の流し台で発生する円形跳水

F． 開水路の抵抗体に作用する流体力と水面形

1． 目　　標

　洪水時における河道水面形の解析は水理学の開水路流の最も大事な応用例のひとつである．河道には樹木などの様々な抵抗体があり，水面形の解析にはその評価方法が重要である．ここでは開水路流における抵抗体にどのような作用する流体力に関する実験を紹介し，流体力特性と流体力の評価方法を学ぶ．また，抵抗体のある開水路流の水面形の解析例を示す．

2． 材料および使用器具

(1) 実験水路　　　　　　　　　　　　　　　　　　　　　　　　　　　　　　　　　　　　1本
(2) 抵抗体（コンクリート供試体，レンガなど）　　　　　　　　　　　　　　　　　　　　　1式
(3) ポイントゲージ　　　　　　　　　　　　　　　　　　　　　　　　　　　　　　　　　1本
　　※水面形の測定精度が最も重要なため，ポイントゲージはレベルで直接読むか，
　　　ポイントゲージを設置する実験水路台の精度良い高さを計測しておく必要がある．
(4) 表計算ソフト　　　　　　　　　　　　　　　　　　　　　　　　　　　　　　　　　1式
　　※水面形の計算時に使用する．

3． 開水路の抵抗体に作用する流体力と水面形の計算

(1) 開水路の抵抗体に作用する流体力と運動量保存則

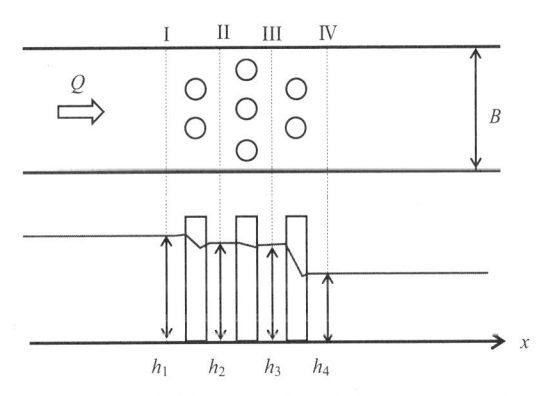

付図 F-1　抵抗体がある場合の開水路の運動量保存則

　断面 I–II 間において流速分布が一定であると仮定し，運動量保存則を考える．

$$\rho Q^2 \left(\frac{1}{Bh_2} - \frac{1}{Bh_1} \right) = \rho g B \left(\frac{h_1^2}{2} - \frac{h_2^2}{2} \right) + \rho g B h_{12} I - \tau_{12} B \delta x_{12} - \sum_i F_i \tag{1}$$

ここに，B：水路幅，h_1, h_2：断面 I, II 間における水深，h_{12}：断面 I–II 間における平均水深，τ_{12}：断面 I–II 間における平均底面せん断応力，δx_{12}：断面 I–II 間の距離，F_i：断面 I–II 間における抵抗体 i に作用する流体力，I：河床勾配である．底面せん断応力はマニングの粗度係数を用いると，

$$\tau = \rho g \frac{n^2 Q^2}{A^2 R^{1/3}} \approx \rho g \frac{n^2 Q^2}{B^2 h^{7/3}} \tag{2}$$

で与えられる．また，抵抗体に作用する流体力は，抗力係数 C_D を用いると式 (3) で与えられる．

$$F = F_F + F_V, \quad F_F = C_D A \frac{\rho u^2}{2} = C_D A \frac{\rho Q^2}{2 B^2 h^2}, \quad F_V = -V \frac{\partial p}{\partial x} = -\rho g V \frac{\partial h}{\partial x} \tag{3}$$

ここに，F_F：抵抗体に接近する流れによる抵抗体の形状抵抗，F_V：抵抗体周辺の平均的な圧力勾配による力（例：浮力），A：抵抗体の投影面積，V：抵抗体の体積である．

(2) 水面形の式と数値解析方法

運動量保存則 (式 (1)) を微小距離 δx で考えると，

$$\frac{dh}{dx} = \frac{I - \dfrac{\tau}{\rho g h} - \dfrac{n F_F}{\rho g h}}{1 - F_r^2 - n V/h} = G(h) \tag{4}$$

が得られる．ここに，n は微小区間 δx における単位面積当たりの抵抗体の数，$F_r^2 = Q^2/(gB^2h^3)$ である．微小距離 δx で積分すると，

$$h(x + \delta x) - h(x) = \int_{\delta x} G(h)\,dx = \delta x \overline{G(h)} \tag{5}$$

右辺の区間平均の G をどのように評価するのかが計算精度を決める．ここでは簡単な以下の方法を紹介する．

$$h(x + \delta x) = h(x) + \delta x \cdot G(h) \tag{6}$$

$$\delta x = \frac{\delta h}{G(h + \delta h/2)} \tag{7}$$

式 (6) は初期水深を与えて，定められた間隔 δx 離れた次の水深を求める方法である．最も簡単な方法であるが，G に h の変化分が考慮されていないため，計算精度に問題がある．これに対して，式 (7) は，定められた水深変化分 δh を生じさせる距離 δx を求める方法である．積分区間の中央の水深 $(h + \delta h/2)$ を用いて G を計算することができるため，計算精度が向上することや境界条件に限界水深を与える場合でも計算できる利点がある．M_1，M_2 カーブ等の単純な計算に有利で，この場合 δh は境界条件の水深 h_0 と等流水深 h_n の差を n 分割するなどで求めることができる ($\delta h = (h_n - h_0)/n$)．ただし，水深を計算点を固定できないため，**付図 F-1** のように抵抗体が存在する場合，抵抗体の位置を与えにくい問題がある．いずれも基本的には常流なら下流端境界から上流側に，射流なら上流端境界から上流側に，逐次積分を進めていく．

(3) 表計算ソフトによる水面形の計算例

実験条件として，実験流量と水路条件（水路幅，水路勾配，マニングの粗度係数，抵抗体の条件）を用い，式 (6) もしくは式 (7) を計算する．**付図 F-2** は緩勾配水路において下流端で限界水深が与えられるときの式 (6) と式 (7) による水面形の計算結果の比較である（**5.4** 参照）．常流であるため，式 (6), (7) を下流端の限界水深から積分して水面形を求める．なお，式 (6) では限界水深を与えると分母がゼロとなるため，限界水深

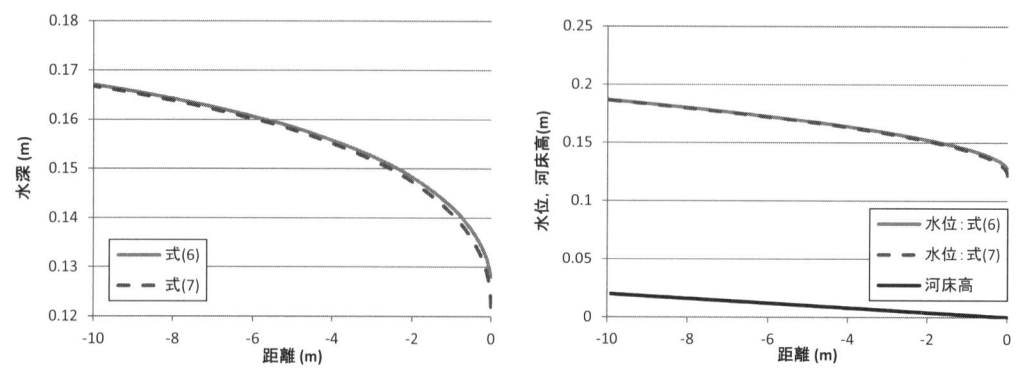

付図 F-2 M_2 カーブの計算結果（左：水深計算結果，右：水位計算結果）

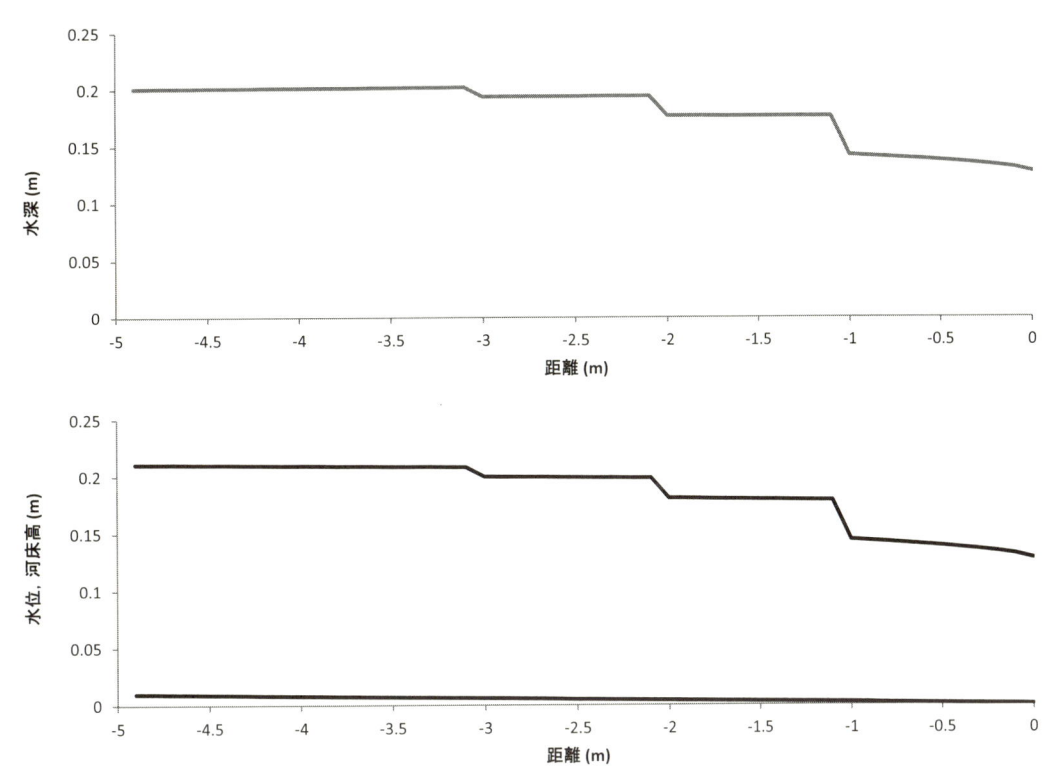

付図 F-3 抵抗体がある場合の水面形の計算結果（上：水深計算結果，下：水位計算結果）

よりも少し大きい水深を下流端条件にしている．十分小さな δx を用いれば式 (6) は (7) とほぼ同様であり，M_2 カーブが計算されている．**付図 F-3** は，**付図 F-1** のように緩勾配水路に円柱群がある場合，下流端で限界水深が与えられるときの式 (6) による水面形の計算結果である．円柱群が設置されている断面で水位が上昇していることがわかる．

4. 設　問

(1) 抵抗体がない場合において，水路のマニング粗度係数を式 (1), (2) を用いて求めよ．
(2) 水面形を計測し，物体に作用する流体力と抗力係数を求めよ．また，配置によって流体力や水面形がどのように変化するのかを調べよ．
(3) 水面形を計算し，実験結果と比較せよ．

5. 関連知識

　流水中の物体に作用する抗力は，表面に作用するせん断応力に起因する表面抵抗と圧力分布に起因する形状抵抗に分けられる．多くの問題では粘性による表面抵抗よりも形状抵抗が支配的であるため，ここでは形状抵抗について主に述べる．**付図 F-4** は様々な流れの条件における円柱周りの圧力分布を示している．円柱前面では淀み点が発生し圧力が増加するが，側面では流速が加速されるために圧力が低下する．これは，フローネットやベルヌーイの定理を考えれば理解しやすい．(a) 非回転流れでは背面の圧力も前面と同じように増加し，抗力が発生しない．これはダランベールのパラドックスとして知られている[2]．実在流体では，(b) や (c) に示すように粘性の影響を受けて境界層が剥離し，背面の圧力が回復しないために，圧力差が生じ，抗力が発生する．式 (3) の F_F はこれを表している．抗力係数を用いた抗力の表現では，抗力は前面の圧力

(a) 非回転流れ

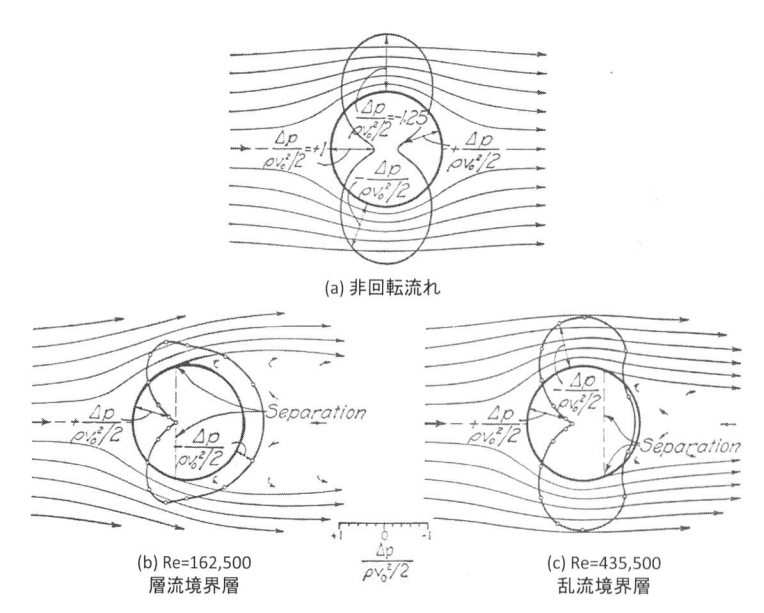

(b) Re=162,500
層流境界層

(c) Re=435,500
乱流境界層

付図 F-4 様々な流れの条件における円柱周りの圧力分布 [1]

上昇を表す接近流速の速度水頭，投影面積に比例していると考えることができ，抗力係数は無次元化した抗力を表している．ところで，**付図 F-4** の (b), (c) を比較すると，乱流境界層の方が剥離領域が小さくなっており，抗力係数が小さくなることがわかる．これは境界層内が乱流となると，運動量交換が活発になり，剥離が生じにくいためである．ゴルフボールのディンプルはこの流体力学の性質を応用した代表的な例である．興味ある学生は境界層剥離と抗力について勉強することをお勧めする．

【参考文献】

1) Rouse, H. : Elementary Mechanics of Fluid, Dover Publications; New York, 1946.
2) 日野幹雄：流体力学，朝倉書店，1992.

G. ミニ実験水路による水面形の観察

1. 目　標

机上でも簡単に開水路の常流や射流の特徴を観察できるミニ水路を製作し，直接流れを観察することで水理学に対する関心を高める．

2. 材料および使用器具

製作には以下のような材料や器具を使用する．

(1) アクリル板（厚さ5mmまたは1cm）	必要量
(2) ミニポンプ（一般にバスポンプと呼ばれるものでよい）	1式
(3) 電圧コントローラー	1式
(4) シリコンチューブ（径1cm程度）	1本
(5) ウラニン（蛍光着色用）	少量
(6) 突起部，せき板，底板（アクリル製）	数種類
(7) 両面テープ	1個

3. 製作例

製作例を**付図 G-1** に，実物写真を**付図 G-2** に示す．流れはミニポンプで発生させ，シリコンチューブを介して反対側の水槽に水を送る簡単な構造である．試作例では水路幅を3cmとしたが，ポンプの吐出量により適宜決定すればよい．流量は電圧コントローラーで調整可能である．水路の勾配は片側に適当なブロック

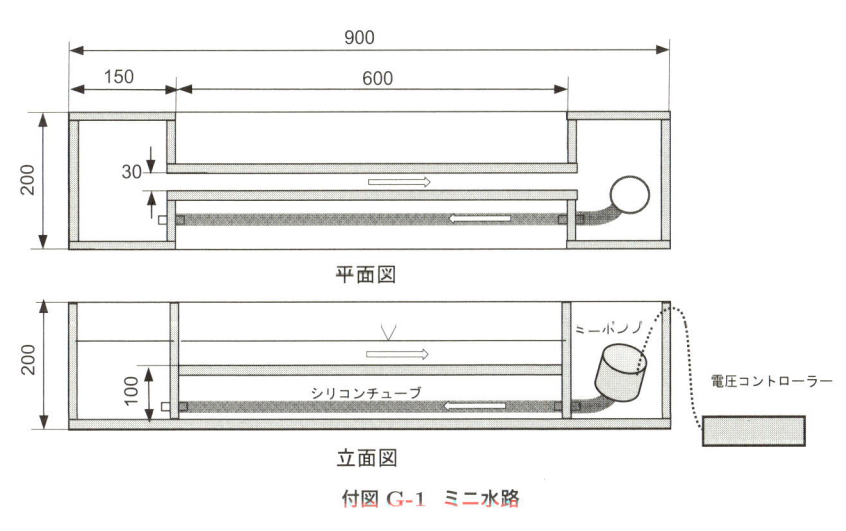

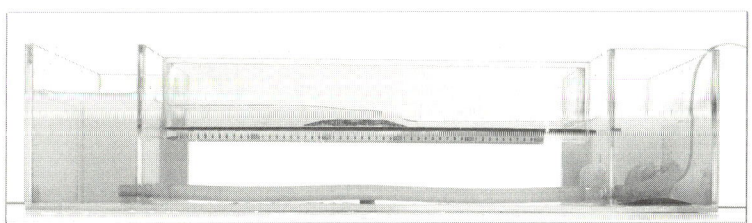

付図 G-1　ミニ水路

付図 G-2　ミニ水路写真

などを置いて変化させる．途中の突起部などはいくつかのパーツを準備しておき，両面テープなどで適宜底面に張り付ける．底板として水路幅と同じ幅で水路長さと同じアクリル板を用意しておけば，突起物の取り換えなどが容易になる．水をウラニンで着色すれば水面の様子を見やすくなる．

4. 実現できる水面形の例

製作したミニ水路で実現できる様々な水面形を**付図 G-3**に示す．様々なタイプの突起部，ゲート，ダムの模型を挿入することによって，多彩な水面形を発生させることができる．上流側を持ち上げれば勾配も変えることができる．水面形に関する詳しい特徴の説明は，5章にゆずる．

4.1 緩勾配流れ

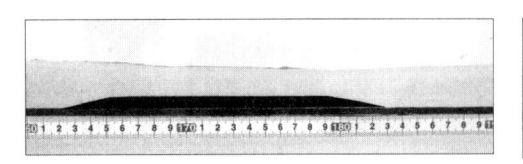

(a) 突起部での水面の凹み

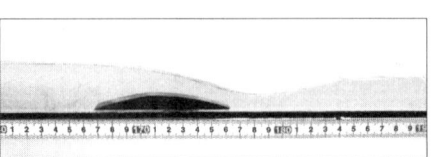

(b) 堰直下での跳水

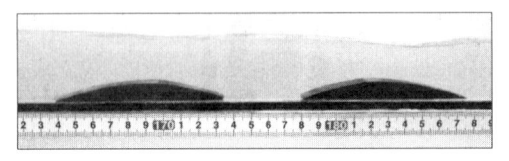

(c) 凹部上での水面の盛り上がり

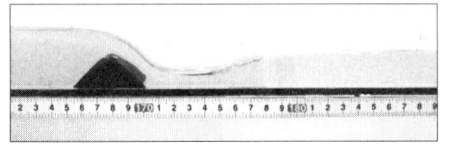

(d) ダム直下での跳水

付図 G-3　緩勾配水路における種々の水面形の実現

4.2 急勾配流れ

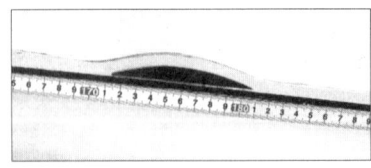

(a) 突起部上の流れ

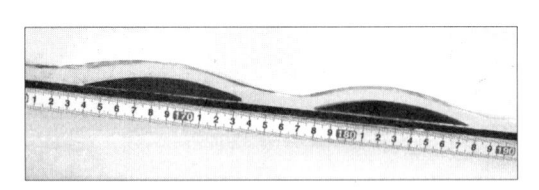

(b) 突起部と凹部上の流れ

付図 G-4　急勾配水路における種々の水面形の実現

4.3 屈曲勾配とゲート

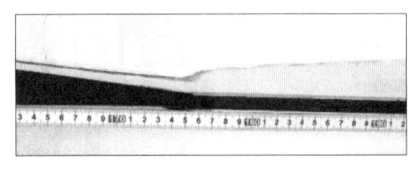

(a) 勾配急変後の跳水

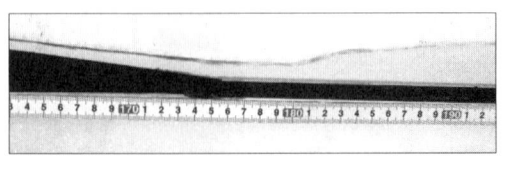

(b) 勾配急変後の跳水の変化

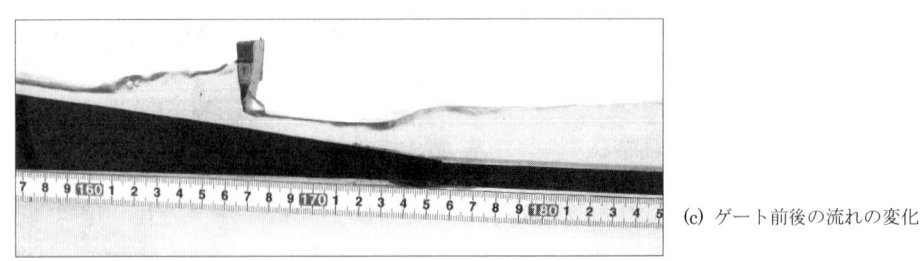

(c) ゲート前後の流れの変化

付図 G-5　屈曲勾配水路やゲート前後における種々の水面形の実現

H. 容器からの流出実験装置の試作

1. 目　　標
机上でミニ水槽からの水頭差のある流出実験を行い，ベルヌーイの定理の特徴を理解する．

2. 材料および使用器具
製作には以下のような材料や器具を使用する．

(1) 間仕切りのあるアクリル製小型容器または同じ大きさの容器2個	1式
(2) アクリルパイプ	1本
(3) 下流水槽（流出水を受けるもの）	1個
(4) コルク栓	2個
(5) ストップウォッチ	1個
(6) 台座フレーム	1式

3. 製　作　例
この装置の構造は，同じサイズの容器（底面積 A）の底に同じサイズの孔（面積 a）をあけ，片方の孔に長さ L のアクリルパイプを取り付けただけの非常に単純なものである．製作例を**付図 H-1** に，実物写真を**付図 H-2** に示す．

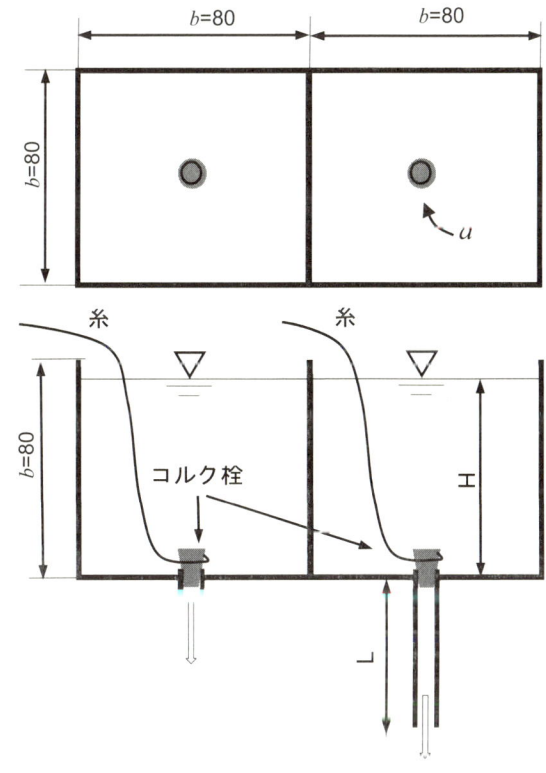

付図 H-1　流出実験装置（単位：mm）

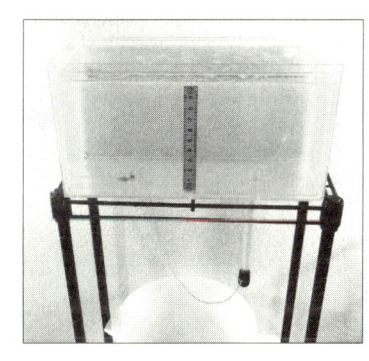

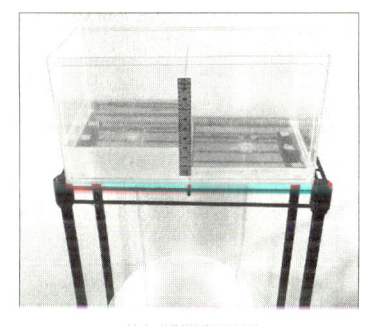

付図 H-2　流出実験装置（製作例）
(a) 初期状態
(b) 時間経過後

4. 実験方法

二つの水槽の底面の孔をコルク栓でふさぎ，水深 H が一定となるように水を入れる．コルク栓には糸を結び付けておく．水面が落ち着いたところで，糸を同時に引っ張ってコルク栓をはずし，水を流出させ水面の低下状況を観察する．水が完全になくなるまでの時間をストップウォッチで計測し，理論式と比較する．あらかじめ完全流出までの時間を計算しておき，実際と比較するとよい．底面に取り付けるパイプ長さを調整できるように工夫してもよい．

ちなみに，**付図 H-1** の場合，パイプなしの容器からの流出時間を T_0，長さ L のパイプを取り付けた容器からの流出時間を T_1 とすると，T_0, T_1 はそれぞれ以下の式から求まる．ただし，各水槽の底面積を $A = b^2$，孔の面積を a，重力加速度を g，パイプ内の摩擦損失は無視している．水面と流出端の水頭差が異なるために流出速度に違いが生じ，水槽から水がなくなる時間が変化する．

$$T_0 = \frac{A}{a}\sqrt{\frac{2H}{g}} \tag{1}$$

$$T_1 = \frac{A}{a}\sqrt{\frac{2}{g}}\left(\sqrt{L+H} - \sqrt{L}\right) \tag{2}$$

一方，アクリルパイプの代わりに，**付図 H-3** のように長いシリコンチューブを取り付けると，チューブ内の摩擦を無視できなくなる．この場合の流出時間 T_2 は，チューブの長さを l，内径を d，チューブの摩擦損失係数を f とすると，次式から求まる．L はチューブ先端までの高さである．

$$T_2 = \frac{A}{a}\sqrt{\frac{2}{g}}\sqrt{1 + f\frac{l}{d}}\left(\sqrt{L+H} - \sqrt{L}\right) \tag{3}$$

この装置では，チューブを長くするほど流出時間 T_2 がかなり長くなり，チューブ内の摩擦による損失が無視できないことを実感できる．T_2 を計測しておき，摩擦損失係数 f を逆に推定してみてもよい．

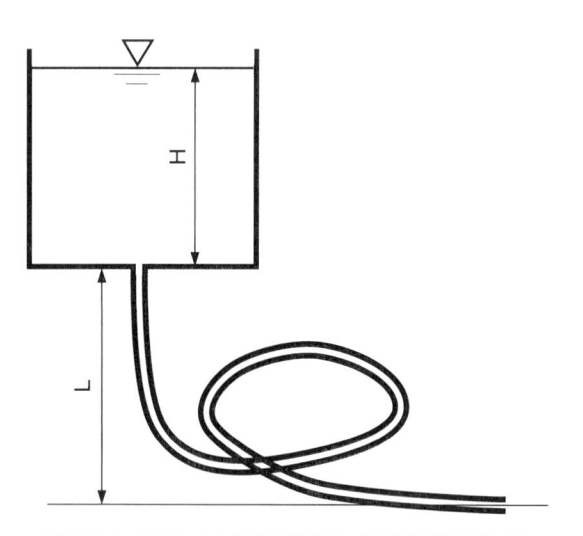

付図 H-3　容器からの流出実験装置（摩擦を考える場合）

付　表

付表 1　SI 単位 102
付表 2　単位面積当たりの力の単位換算表 103
付表 3　水の密度 103
付表 4　種々の液体の比重 103
付表 5　空気の密度 104
付表 6　種々の気体の密度と比重 104
付表 7　水の粘性係数と動粘性係数 105
付表 8　空気の粘性係数 106
付表 9　種々の液体の粘性係数 106
付表 10　種々の気体の粘性係数 106
付表 11　水の表面張力 107
付表 12　ギリシャ文字の読み方 107
付表 13　10 の整数乗倍の接頭語 107

付表 1　SI 単位

分類	量	量記号	単位の名称	常用単位の単位記号	備　考
空間・時間・周期現象	平面角	α ほか	ラジアン	rad, mrad, μrad	$1° = \pi/180\,\mathrm{rad}$
	長さ	l ほか	メートル	km, m, cm, mm	
	面積	A ほか	平方メートル	km^2, m^2, cm^2, mm^2	
	体積	V ほか	立方メートル	m^3, l（リットル），cm^3, mm^3	$1\,l = 10^{-3}\,\mathrm{m}^3$ l は SI 単位と併用してよい
	時間	t	秒	s, ms, d, h, min	
	角速度	ω	ラジアン毎秒	rad/s	
	速度	u など	メートル毎秒	m/s	
	加速度	a	メートル毎秒・毎秒	m/s^2	標準自由落下の加速度 $g_n = 9.80665\,\mathrm{m/s^2}$
	回転数	n	回毎秒	s^{-1}, min^{-1}	1 Hz（ヘルツ）$= 1\,\mathrm{s}^{-1}$
力学	質量	m	キログラム	Mg, (t), kg, g, mg	1 (t)$= 10^3$ kg
	密度	ρ	キログラム毎立方メートル	Mg/m^3, (t/m^3), kg/m^3, g/cm^3	
	力・重量	F, P, W	ニュートン	MN, kN, N, mN	$1\,\mathrm{N} = 1\,\mathrm{kg\cdot m/s^2}$, $1\,\mathrm{kgf} = 9.80665\,\mathrm{N}$
	力のモーメント	M	ニュートンメートル	MN·m, kN·m, N·m, mN·m	$1\,\mathrm{kgf\cdot m} = 9.80665\,\mathrm{N\cdot m}$, $1\,\mathrm{Pa} = 1\,\mathrm{N/m^2}$
	圧力・応力	p, σ	パスカル，ニュートン毎平方メートル	Pa, kN/m^2, N/m^2, mN/m^2	$1\,\mathrm{kgf/m^2} = 9.80665\,\mathrm{N/m^2}$
	単位体積当りの重量	γ	ニュートン毎立方メートル	kN/m^3, N/m^3	$1\,\mathrm{tf/m^3} = 1\,\mathrm{gf/cm^3}$ $= 9.80665\,\mathrm{kN/m^3}$
	断面二次モーメント	I	メートル 4 乗	m^4, cm^4	
	断面係数	Z, W	メートル 3 乗	m^3, cm^3	
	透水係数	k	メートル毎秒	m/s, cm/s	
	粘性係数	μ	パスカル秒，ニュートン毎秒平方メートル	N·s/m^2, mN·/m^2, Pa·s	1 P（ポアズ）$= 0.1\,\mathrm{N\cdot s/m^2}$
	動粘性係数	ν	平方メートル毎秒	m^2/s, mm^2/s	1 St（ストークス）$= 1\,\mathrm{cm^2/s}$
	表面張力	σ	ニュートン毎メートル	N/m, mN/m	$1\,\mathrm{gf/cm} = 0.980665\,\mathrm{N/m}$
	エネルギー・仕事	A, W	ジュール	MJ, kJ, J, mJ	$1\,\mathrm{J} = 1\,\mathrm{N\cdot m}$, $1\,\mathrm{cal} = 4.18605\,\mathrm{J}$
熱	常用温度	t, θ	セルシウス度	°C	
	熱力学温度	T, H	ケルビン	K	$t\,°\mathrm{C} = (t + 273.15)\,\mathrm{K}$

付表2　単位面積当たりの力の単位換算表

区　分	kN/m²	kgf/cm²	水銀柱 (0°C) mm	水柱 (15°C) m
kN/m²	1	0.0101972	7.50	0.1021
hPa	100	1.0197	750	10.21
水銀柱 (0°C) mm	0.1333	0.0013596	1	0.01361
水　柱 (15°C) m	9.798	0.0991	73.49	1

付表3　水の密度 (kg/m³)

温度 (°C)	0	1	2	3	4	5	6	7	8	9
0	999.84	999.90	999.94	999.96	999.97	999.96	999.94	999.90	999.85	999.78
10	999.70	999.61	99949	99938	99924	99910	99894	99877	99860	99841
20	998.20	997.99	997.77	997.54	997.30	997.04	996.78	996.51	996.23	995.94
30	995.65	995.34	995.03	994.70	994.37	994.03	993.68	993.33	992.97	992.59
40	992.22	991.83	991.44	991.04	990.63	990.21	989.79	989.36	988.93	988.49
50	988.04	987.58	987.12	986.65	986.18	985.70	985.21	984.71	984.22	983.71
60	983.20	982.68	982.16	981.63	981.10	980.55	980.01	979.46	978.90	978.34
70	977.77	977.20	976.62	976.03	975.44	974.85	974.25	973.64	973.03	972.42
80	971.80	971.17	970.54	969.91	969.27	968.62	967.97	967.31	966.65	966.00
90	965.32	964.65	963.97	963.28	962.59	961.90	961.20	960.50	959.79	959.06

付表4　種々の液体の比重

物質	温度 (°C)	比重	物質	温度 (°C)	比重
エチルアルコール	20	0.790	メチルアセテート	20	0.934
メチルアルコール	20	0.792	ベンゾール	0	0.899
二硫化炭素	15	1.27	エーテル	0	0.736
グリセリン	15	1.29	亜麻仁油	15	0.942
アセトン	20	0.791	オリーブ油	15	0.918
水銀	20	13.546	テレピン油	16	0.873

付表 5　空気の密度

°C \ torr	690	700	710	720	730	740	750	760	770	780
0	1.174	1.191	1.208	1.225	1.242	1.259	1.276	1.293	1.310	1.327
5	1.153	1.169	1.186	1.203	1.220	1.236	1.253	1.270	1.286	1.303
10	1.132	1.149	1.165	1.182	1.198	1.214	1.231	1.247	1.264	1.280
15	1.113	1.129	1.145	1.161	1.177	1.193	1.209	1.226	1.242	1.258
20	1.094	1.109	1.125	1.141	1.157	1.173	1.189	1.205	1.220	1.236
25	1.075	1.091	1.106	1.122	1.138	1.153	1.169	1.184	1.200	1.215
30	1.057	1.073	1.088	1.103	1.119	1.134	1.149	1.165	1.180	1.195

温度 t, 圧力 H の乾燥した空気の密度 ρ の値を示したもので, 下の式によって計算したものである.

$$\rho\,(\mathrm{kg\cdot m^{-3}}) = \frac{1.293}{1 + 0.00367 t/°\mathrm{C}} \cdot \frac{H/\mathrm{torr}}{760}$$

$1\,\mathrm{torr} = 133.322\,\mathrm{Pa}$

圧力 p の水蒸気を含んだ圧力 H_w の空気の密度 ρ_w は, 上式で与えられる同温同圧 ($H = H_w$) の乾燥した空気の密度 ρ から次の式によって導かれる.

$$\rho_w = \rho(1 - 0.378 p/H_w)$$

付表 6　種々の気体の密度と比重

気体	密度 (kg/m³)	比重	気体	密度 (kg/m³)	比重
アセチレン	1.173	0.907	水蒸気 (100°C)	0.598	0.463
アルゴン	1.784	1.380	水　素	0.0899	0.0695
アンモニア	0.771	0.597	窒　素	1.250	0.967
一酸化炭素	1.250	0.967	二酸化硫黄 (亜硫酸ガス)	2.926	2.264
一酸化二窒素 (亜酸化窒素)	1.978	1.530	二酸化炭素	1.977	1.529
エタン	1.356	1.049	ネオン	0.900	0.696
エチレン	1.260	0.974	ヒ化水素 (AsH₃)	3.50	2.71
塩化水素	1.639	1.268	フッ化ウラン (VI)	4.68	3.62
塩　素	3.214	2.486	フッ素	1.696	1.312
オゾン	2.14	1.66	フレオン-12	5.083	3.931
キセノン	5.887	4.553	プロパン	2.02	1.56
空　気	1.293	1	ヘリウム	0.1785	0.138
クリプトン	3.739	2.891	ホスフィン	1.531	1.184
酸化窒素 (NO)	1.340	1.036	メタン	0.717	0.555
酸　素	1.429	1.105	ヨウ化水素	5.789	4.477
シアン	2.34	1.81	ラドン	9.73	7.53
ジメチルエーテル	2.108	1.630	硫化水素	1.539	1.190
臭化水素	3.644	2.818			

種々の気体の標準状態 (0°C, 101 325 Pa) における密度および同じ状態における空気に対する比重を示す.

付表 7　水の粘性係数 μ と動粘性係数 ν

温度 (°C)	μ [Pa·s] ×10^{-3}	ν [m^2/s] ×10^{-6}	温度 (°C)	μ [Pa·s] ×10^{-3}	ν [m^2/s] ×10^{-6}
0	1.792	1.792	38	0.681	0.686
1	1.731	1.731	39	0.668	0.673
2	1.673	1.673	40	0.656	0.661
3	1.619	1.619	41	0.644	0.649
4	1.567	1.567	42	0.632	0.637
5	1.519	1.519	43	0.621	0.627
6	1.473	1.473	44	0.610	0.616
7	1.428	1.428	45	0.599	0.605
8	1.386	1.386	46	0.588	0.594
9	1.346	1.346	47	0.578	0.584
10	1.308	1.308	48	0.568	0.574
11	1.271	1.271	49	0.559	0.565
12	1.236	1.237	50	0.549	0.556
13	1.203	1.204	52	0.532	0.539
14	1.171	1.172	54	0.515	0.522
15	1.140	1.141	56	0.499	0.506
16	1.111	1.112	58	0.483	0.491
17	1.083	1.084	60	0.469	0.477
18	1.056	1.057	62	0.455	0.463
19	1.030	1.032	64	0.442	0.451
20	1.005	1.007	66	0.429	0.438
21	0.981	0.983	68	0.417	0.426
22	0.958	0.960	70	0.406	0.415
23	0.936	0.938	72	0.395	0.404
24	0.914	0.917	74	0.385	0.395
25	0.894	0.897	76	0.375	0.385
26	0.874	0.877	78	0.366	0.376
27	0.855	0.858	80	0.357	0.367
28	0.836	0.839	82	0.348	0.358
29	0.818	0.821	84	0.339	0.350
30	0.801	0.804	86	0.331	0.342
31	0.784	0.788	88	0.324	0.335
32	0.768	0.772	90	0.317	0.328
33	0.752	0.756	92	0.310	0.322
34	0.737	0.741	94	0.303	0.315
35	0.723	0.727	96	0.296	0.308
36	0.709	0.713	98	0.290	0.302
37	0.695	0.700	100	0.284	0.296

付表 8 空気の粘性係数

温度 (°C)	η (Pa·s $\times 10^{-6}$)	温度 (°C)	η (Pa·s $\times 10^{-6}$)	温度 (°C)	η (Pa·s $\times 10^{-6}$)
−70	13.5	75	20.5	350	30.9
−50	14.6	100	21.6	400	32.3
−25	15.9	150	23.6	450	34.0
0	17.1	200	25.7	500	35.5
25	18.2	250	27.4	550	36.9
50	19.3	300	29.2	600	38.3

付表 9 種々の液体の粘性係数

物質	0°C	25°C	50°C	75°C	100°C
アセトン	0.402	0.310	0.247	0.200	0.165
アニリン	9.450	3.822	1.982	1.201	0.808
エチルアルコール	1.873	1.084	0.684	0.459	0.323
ジエチルアルコール	0.288	0.224	0.179	0.146	0.119
四塩化炭素	1.341	0.912	0.662	0.503	0.395
水銀	1.616	1.528	1.401	1.322	1.255
ひまし油	—	700.000	125.000	42.000	16.900
ベンゼン	—	0.603	0.436	0.332	0.263
メチルアルコール	0.797	0.543	0.392	0.294	0.227
硫酸	—	23.800	11.700	6.600	4.100

(単位は Pa·s $\times 10^{-3}$)

付表 10 種々の気体の粘性係数

物質	η (Pa·s $\times 10^{-6}$)	C	物質	η (Pa·s $\times 10^{-6}$)	C	物質	η (Pa·s $\times 10^{-6}$)	C
アルゴン	22.3	142	酸素	20.4	125	二酸化炭素	14.7	240
一酸化炭素	17.4	102	水蒸気	12.1 (100°C)	650	ヘリウム	19.6	—
塩素	13.2	350	水素	8.8	72	ベンゼン	7.5	—
空気	18.2	117	窒素	17.6	104	メタン	11.0	164

(1) 気体の粘度は数 10 Pa より数気圧に至る広い範囲において圧力にはほとんど無関係である．
(2) 温度 T_1 の粘度 η_1 が知れているとき，温度 T_2 の粘度 η_2 はほぼ次式で与えられる．

$$\eta_2 = \eta_1 \left(\frac{T_1/K + C}{T_2/K + C} \right) \left(\frac{T_2}{T_1} \right)^{3/2}$$

C はサザランドの定数である．

付表 11 水の表面張力 (γ)

t (°C)	γ	t (°C)	γ	t (°C)	γ	t (°C)	γ	t (°C)	γ
−5	76.40	16	73.34	21	72.60	30	71.15	80	62.60
0	75.62	17	73.20	22	72.44	40	69.55	90	60.74
5	74.90	18	73.05	23	72.28	50	67.90	100	58.84
10	74.20	19	72.89	24	72.12	60	66.17		
15	73.48	20	72.75	25	71.96	70	64.41		

(γ の単位：N/m $\times 10^{-3}$)

付表 12 ギリシャ文字の読み方

大文字	小文字	読み方	大文字	小文字	読み方	大文字	小文字	読み方
A	α	アルファ	I	ι	イオータ	P	ρ	ロー
B	β	ベータ	K	κ	カッパ	Σ	σ	シグマ
Γ	γ	ガンマ	Λ	λ	ラムダ	T	τ	タウ
Δ	δ	デルタ	M	μ	ミュー	Υ	υ	ユープシロン
E	ε	イプシロン	N	ν	ニュー	Φ	ϕ	ファイ（フィー）
Z	ζ	ゼータ（ツェータ）	Ξ	ξ	クシー	X	χ	カイ（クヒー）
H	η	エータ（イータ）	O	o	オミクロン	Ψ	ψ	プサイ（プシー）
Θ	θ	テータ（シータ）	Π	π	パイ（ピー）	Ω	ω	オメガ

付表 13 単位の 10 の整数乗倍の接頭語

名　称	記号	大きさ	名　称	記号	大きさ
エクサ (exa)	E	10^{18}	デ シ (deci)	d	10^{-1}
ペ タ (peta)	P	10^{15}	センチ (centi)	c	10^{-2}
テ ラ (tera)	T	10^{12}	ミ リ (milli)	m	10^{-3}
ギ ガ (giga)	G	10^{9}	マイクロ (micro)	µ	10^{-6}
メ ガ (mega)	M	10^{6}	ナ ノ (nano)	n	10^{-9}
キ ロ (kilo)	k	10^{3}	ピ コ (pico)	p	10^{-12}
ヘクト (hecto)	h	10^{2}	フェムト (femto)	f	10^{-15}
デ カ (deca)	da	10	ア ト (atto)	a	10^{-18}

土木学会　水工学委員会の本

	書　名	発行年月	版型：頁数	本体価格
※	水理公式集例題集　昭和60年版	昭和63年9月	B5：310	7,000
	水理公式集　平成11年版	平成11年11月	B5：713	
	水理実験指導書　平成13年版	平成13年3月	B5：134	
	水理公式集　例題プログラム集（平成13年版）	平成14年3月	CD-ROM	
※	日本のかわと河川技術を知る～利根川～	平成24年12月	B5：355	2,800
※	水理実験解説書　2015年度版	平成27年2月	A4：107	1,300
※	環境水理学	平成27年3月	A5：261	2,400
※	水理公式集　2018年版	平成31年3月	B5：927	13,000

※は、土木学会および丸善出版にて販売中です。価格には別途消費税が加算されます。

オンライン土木博物館

ドボ博
DOBOHAKU
www.dobohaku.com

オンライン土木博物館「ドボ博」は、ウェブ上につくられた全く新しいタイプの博物館です。

ドボ博では、「いつものまちが博物館になる」をキャッチフレーズに、地球全体を土木の博物館に見立て、独自の映像作品、貴重な図版資料、現地に誘う地図を巧みに融合して、土木の新たな見方を提供しています。

展示内容の更新や「学芸員」のブログ、関連イベントなどの最新情報をドボ博フェイスブックでも紹介しています。

ドボ博　www.dobohaku.com

www.facebook.com/dobohaku

写真：「東京インフラ065 羽田空港」より　撮影：大村拓也

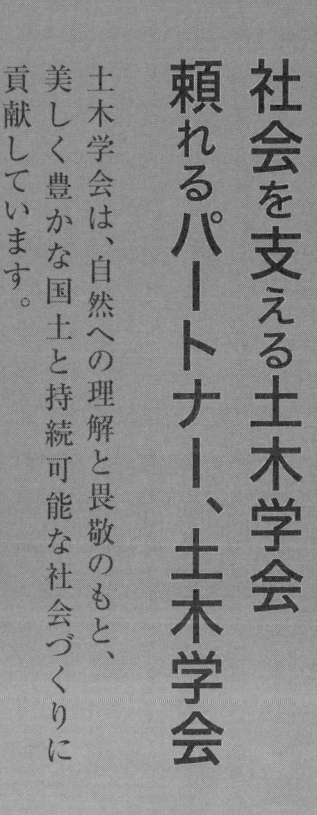

社会を支える土木学会
頼れるパートナー、土木学会

土木学会は、自然への理解と畏敬のもと、美しく豊かな国土と持続可能な社会づくりに貢献しています。

土木学会の会員になりませんか！

土木学会の取組みと活動
- 防災教育の普及活動
- 学術・技術の進歩への貢献
- 社会への直接的貢献
- 会員の交流と啓発
- 土木学会全国大会（毎年）
- 技術者の資質向上の取組み（資格制度など）
- 土木学会倫理普及活動

土木学会の本
- 土木学会誌（毎月会員に送本）
- 土木学会論文集（構造から環境の分野を全てカバー／J-stageに公開された最新論文の閲覧／論文集購読会員のみ）
- 出版物（示方書から一般的な読み物まで）

公益社団法人 土木學會
TEL：03-3355-3441（代表）／FAX：03-5379-0125
〒160-0004　東京都新宿区四谷1丁目（外濠公園内）

土木学会へご入会ご希望の方は、学会のホームページへアクセスしてください。
http://www.jsce.or.jp/

本書のデータシートは，土木学会ホームページの下記 URL からダウンロードできます．
ご活用ください．
　http://committees.jsce.or.jp/hydraulic/node/127

定価（本体 1,300 円＋税）

水理実験解説書［2015 年度版］

昭和 42 年 3 月 15 日　　第 1 版・第 1 刷発行
昭和 57 年 2 月 20 日　　第 2 版・第 1 刷発行
平成 13 年 2 月 20 日　　平成 13 年版・第 1 刷発行

平成 27 年 2 月 20 日　　2015 年度版・第 1 刷発行
平成 29 年 2 月 10 日　　2015 年度版・第 2 刷発行
令和　2 年 1 月 31 日　　2015 年度版・第 3 刷発行

編集者……公益社団法人　土木学会　水工学委員会
　　　　　水理実験指導書改訂小委員会
　　　　　委員長　藤田　一郎
発行者……公益社団法人　土木学会　専務理事　塚田　幸広

発行所……公益社団法人　土木学会
　　　　　〒160-0004　東京都新宿区四谷 1 丁目（外濠公園内）
　　　　　TEL　03-3355-3444　FAX　03-5379-2769
　　　　　http://www.jsce.or.jp/
発売所……丸善出版株式会社
　　　　　〒101-0051　東京都千代田区神田神保町 2-17　神田神保町ビル
　　　　　TEL　03-3512-3256　FAX　03-3512-3270

©JSCE2015／Committee on Hydroscience and Hydraulic Engineering
ISBN978-4-8106-0828-1
印刷・製本：（株）平文社　　用紙：京橋紙業（株）　　製作：（有）恵文社

・本書の内容を複写または転載する場合には、必ず土木学会の許可を得てください。
・本書の内容に関するご質問は、E-mail（pub@jsce.or.jp）にてご連絡ください。